云南立体生态稻作亚区水稻精确定量栽培技术

杨从党　李贵勇　李刚华　主编

中国农业出版社
北　京

图书在版编目（CIP）数据

云南立体生态稻作亚区水稻精确定量栽培技术 / 杨从党，李贵勇，李刚华主编．—北京：中国农业出版社，2022.9

ISBN 978-7-109-30100-9

Ⅰ.①云…　Ⅱ.①杨…②李…③李…　Ⅲ.①水稻栽培—云南　Ⅳ.①S511

中国版本图书馆 CIP 数据核字（2022）第 181252 号

中国农业出版社出版

地址：北京市朝阳区麦子店街 18 号楼

邮编：100125

责任编辑：吴洪钟

版式设计：文翰苑　　责任校对：吴丽婷

印刷：中农印务有限公司

版次：2022 年 9 月第 1 版

印次：2022 年 9 月北京第 1 次印刷

发行：新华书店北京发行所

开本：880mm×1230mm　1/32

印张：4.25

字数：120 千字

定价：25.00 元

《云南立体生态稻作亚区水稻精确定量栽培技术》
编　委　会

前　言

水稻是我国最主要的粮食作物，全国2/3以上人口以稻米为主食，尤其是长江以南地区超过80%的人口以稻米作口粮。近年来，随着水稻新品种的推广应用和栽培技术的改进，水稻产量有了较大幅度的提高，但是很多水稻种植地区依然存在技术落后、管理粗放等现象，严重影响着水稻生产。水稻精确定量栽培技术是我国著名水稻栽培学家，南京农业大学、扬州大学凌启鸿教授研究团队，经过50余年试验研究总结而形成的新技术，2009年被农业部列为主推技术。水稻精确定量栽培技术是在叶龄模式、作物群体质量基础上集成精确诊断和主要措施定量而形成的新技术。在理论上，它以水稻高产群体发展的指标值为依据，以叶龄作为标尺，准确诊断各器官的形成时期；以叶色黑黄判断肥水的丰亏，对各器官的生长作定时、定量、定向调控，促进有效和高效生长，控制无效和低效生长，以最经济的投入，保证高产群体的最终形成；在生产实践上，它以“壮秧、扩行、减苗、调肥、控水”等为关键技术，实现“高产、优质、高效、生态、安全”的综合目标。简言之，水稻精确定量栽培是在水稻最适宜的时期，用最少的物化投入，获得最大的经济和生态效益。该技术利用当地水稻总叶片数、伸长节间数和基础地力等参数，设计并制定合理的实施方案，精确设计目标产量、群体质量指标和各项技术参数；并在水稻关键生育时期，通过精确诊断群体生长指标值，调整相应的栽培管理措施，实现目标产量，达到省苗、省水、省肥、省工、高产的目标。这项技术适宜合作社、家庭农场、高素质农民、公司+农户等新型经营主体进行水稻大面积、集约化高产栽培。近几年来，已经在江苏、云南、安徽、黑龙江、河南、江西、四川、浙江等多个省份推广，每年累计示范推广上亿亩，增产幅度超过10%。

自2006年云南省引入水稻精确定量栽培技术以来，在云南省立体生态稻作亚区创造了多个高产纪录，2006年在永胜县涛源镇协优107精确定量栽培技术高产攻关田亩产1 287 kg，创造了新的世界水稻高产纪录；2015—2020年在红河哈尼族彝族自治州个旧市超优千号精确定量栽培百亩高产样板，连续6年亩产均超过1 t，当地农户种植杂交稻平均亩产800 kg，亩增产250～350 kg，增幅31.25%～43.75%；2019年在个旧市倘甸镇云恢290精确定量栽培技术高产攻关样板，创造了最高亩产892.9 kg的纪录，当地农户种植云恢290平均亩产680 kg，亩增产212.9 kg，增幅31.3%；2019年在世界水稻种植最高海拔区域——丽江市宁蒗县永宁镇，丽粳11精确定量栽培技术高产攻关田，创造了亩产653 kg的高产纪录，当地农户种植的永宁大白谷平均亩产300 kg，亩增产353 kg，增幅117.7%。

鉴于水稻精确定量栽培技术在云南复杂的生态环境均创造了高产典型，延伸和充实了水稻高产的相关参数，为云南省乃至全国更广泛地应用该项技术指导水稻生产，创造更多高产，确保国家粮食安全，特总结编写了《云南立体生态稻作亚区水稻精确定量栽培技术》。

由于编者水平有限，书中难免存在不足之处，敬请读者批评指正。

目　录

第一章　水稻精确定量栽培技术原理和要点

第一节　水稻精确定量栽培技术原理

水稻精确定量栽培技术是在综合考虑生态环境、品种特性和生产因素的前提下，设定合理的产量目标，及实现目标产量的群体生长指标值，通过精确定量播种量、基本苗、施肥量和运筹比例、灌溉，从而实现目标产量。

一、设定目标产量

在综合考虑气候条件、土壤条件、品种特性、栽培模式以及当地获得的最高产量等因素基础上，设定合理的目标产量。一般情况下，目标产量的设定可以是当地获得的最高产量，或者在最高产量的基础上提高10%～15%，或者根据具体的攻关目标设定目标产量。根据设定好的目标产量，进一步细化实现目标产量所需的群体结构和各项栽培技术措施。在水稻产量构成因素中，有效穗和穗粒数是变化较大的两个因素，也是增产潜力较大的因素；有效穗和穗粒数的定量主要是通过调查当地该品种高产田块的有效穗和穗粒数而获得，采用水稻精确定量栽培技术能大幅度提高有效穗和穗粒数；而同一地方相同品种的结实率和千粒重变化较小，可以直接采用上一年度的数值。在产量构成因素中，有效穗的形成时间较长，是可调控变幅最大的参数。考虑到水稻种子价格、栽秧用工等因素，尽可能“扣种稀播”，走“小、壮、高”的路线，通过培育壮秧和清水浅水浅栽等技术措施，栽插适宜的基本苗，充分利用分蘖成穗，在有效分蘖临界叶龄期茎蘖数达到预计的有效穗数，通过减少基蘖肥的用量并在拔节期进行晒田使无效分蘖生长期叶色落黄，处于缺肥状态。无效分蘖生长期叶色落黄，利于控制无效分蘖的发生，降低高峰苗，提高成穗率，构建水稻高质量群体；在幼穗分化期适时施用适宜的促花肥和保花肥，促进大穗的形成，提高穗粒数；通过干湿交替灌溉和中后期的撤水晒田，控制无效分蘖，促进根系生长，延缓后期根系的衰老，提高结实率和千粒重。这样可以避免水稻管理过程中移栽、施肥和灌溉的盲目性，实现成本最小化、产量最大化。

二、精确定量基本苗

目前，常规栽培基本苗是通过移栽较多基本苗和施用较多的基蘖肥，利用大群体获取更多的有效穗来获得高产。实际生产中，基本苗数量过大，不但会导致群体过大，田间通风透光性能差，病虫害多发，还容易导致水肥的浪费，植株长势弱，最终反而影响产量。水稻精确定量栽培技术，是在获取水稻总叶片数和伸长节间数、移栽时秧苗的叶龄和带蘖数等参数基础上，利用有效分蘖叶位数计算单株成穗数，用目标穗数除以单株成穗数计算出基本苗数量。通过精确定量基本苗，能够充分促进水稻有效分蘖成穗，控制无效分蘖的发生，形成健壮的个体，构建合理的群体数量，促进有效分蘖成穗，提高群体质量，既可避免秧苗（种子）和水肥的浪费，又可获得水稻高产。

三、精确定量施肥

水稻要高产，施肥是关键。不同的地块，不同的苗情，施肥时机、施肥量有一定差异。传统的施肥方法重施底肥和分蘖肥，少施或不施穗肥，不仅造成了肥料的大量浪费，还对环境造成了污染。水稻精确定量栽培技术是根据高产水稻的生长发育进程和需肥规律，利用斯坦福方程，通过目标产量需氮量、土壤供氮量和氮肥利用效率，准确计算氮肥总量，在水稻生长关键时期适量施用氮肥。

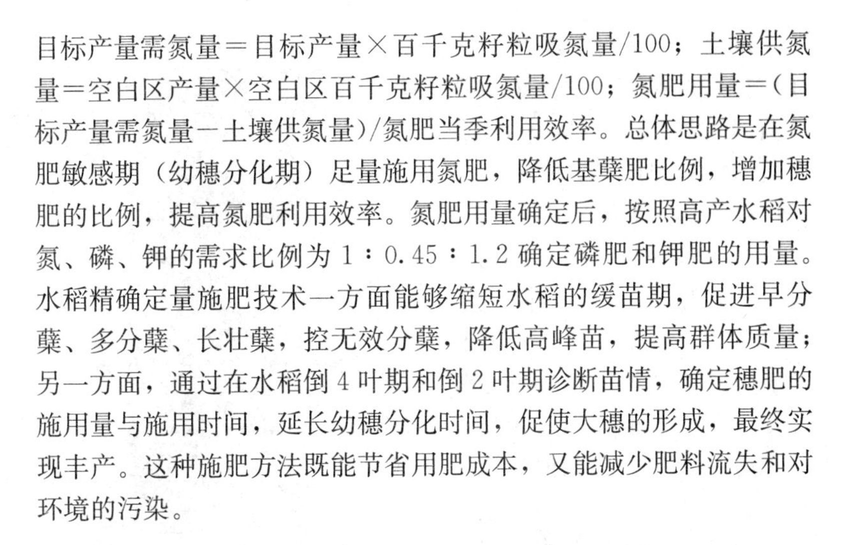

目标产量需氮量＝目标产量×百千克籽粒吸氮量/100；土壤供氮量＝空白区产量×空白区百千克籽粒吸氮量/100；氮肥用量＝（目标产量需氮量－土壤供氮量）/氮肥当季利用效率。总体思路是在氮肥敏感期（幼穗分化期）足量施用氮肥，降低基蘖肥比例，增加穗肥的比例，提高氮肥利用效率。氮肥用量确定后，按照高产水稻对氮、磷、钾的需求比例为 1∶0.45∶1.2 确定磷肥和钾肥的用量。水稻精确定量施肥技术一方面能够缩短水稻的缓苗期，促进早分蘖、多分蘖、长壮蘖，控无效分蘖，降低高峰苗，提高群体质量；另一方面，通过在水稻倒 4 叶期和倒 2 叶期诊断苗情，确定穗肥的施用量与施用时间，延长幼穗分化时间，促使大穗的形成，最终实现丰产。这种施肥方法既能节省用肥成本，又能减少肥料流失和对环境的污染。

四、精确定量灌溉

水稻栽培过程中，灌溉时期和水量的多少，对水稻的生长发育至关重要。水稻精确定量栽培技术提倡精确灌溉，不仅能够促进水稻的活棵分蘖，调节水稻主茎的分蘖及分蘖成穗数量，促使稻穗大、籽粒饱满，最终实现丰产，而且能够节约用水，改善稻田环境。

水稻精确定量灌溉技术改变了传统方法中存在的盲目定苗，盲目施肥，盲目灌溉，盲目追求高产的不科学现象。通过精确定量的管理，实现了水稻高产的目标化管理。

第二节　水稻叶龄模式

水稻叶龄模式是根据水稻器官叶蘖同伸规律，利用水稻主茎叶片生长进程，来准确判断水稻生育进程，定量基本苗、施肥和灌溉的一种新型栽培理论及技术体系。水稻叶龄模式是精确定量的标尺，精确定量基本苗、精确定量施肥时期、精准灌溉，都要依据叶龄模式进行确定实施。

水稻叶龄又叫主茎出叶期。如何记载叶龄呢？先来看一张秧苗图（图1-1），从下往上依次为根系、种子、不完全叶（只有叶鞘，没有叶片），第1完全叶（称为第1叶，既有叶鞘，又有叶片）、第2叶、第3叶、第4叶、第5叶。在水稻叶龄模式中，不完全叶不记作叶片，由于水稻在剑叶长出之前，后一张叶片总比前一张叶片长20%左右，因此，把前一张叶片从叶腋到叶尖共分成8等份，以此来准确标记叶龄。图中这株秧苗第4叶已经长完，第5叶为心叶，其长度已经超过第4叶，但是还没看到第6叶，因此这株秧苗的叶龄就是4.9。调查时，在心叶上标记5，为下一次调查打好基础；在记录本上记4.9叶，表示标记日秧苗的叶龄为4.9。另外，这株秧苗第1叶和第2叶的分蘖已经长出，带有2个分蘖。4.9叶的秧苗带有两个分蘖，达到了N－3＝4.9－3＝1.9≈2.0的叶蘖同伸关系，说明5叶期前叶蘖是同伸的，达到了壮秧的标准。

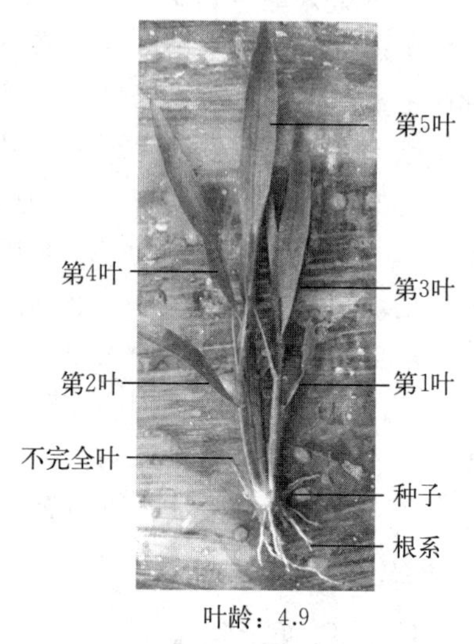

图1-1　叶龄记载方法

水稻生长过程中，下一张叶片总比上一张叶片长，直到倒2叶定长达到最大值，剑叶均短于倒2叶，所以，在主茎上剑叶长出以前，均采用这种方法标记叶龄，就能够准确地掌握水稻的生育进程。秧苗移栽完毕，要从地块中选择苗质好、叶片健全、有代表性的秧苗，作为标记叶龄的植株。选择的方法为：5叶以下移栽的秧苗，可以在移栽时进行叶龄标记，从田埂边向里数3行，选择穴距均匀，穴株数相近的10穴，每穴选1株，共选10株，并在两边插上标志物，然后在每株的主茎叶片上进行叶龄标记。起始叶要从第3叶开始，标记点要点在单数叶片上，一般每5～7 d跟踪标记1

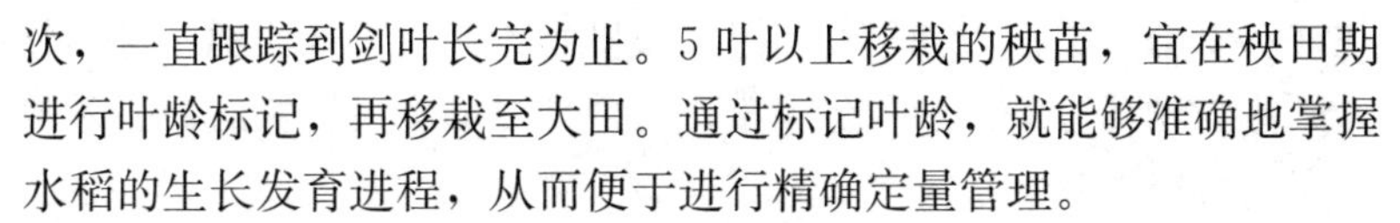

次，一直跟踪到剑叶长完为止。5 叶以上移栽的秧苗，宜在秧田期进行叶龄标记，再移栽至大田。通过标记叶龄，就能够准确地掌握水稻的生长发育进程，从而便于进行精确定量管理。

我国水稻品种繁多，可以按照主茎叶片总数和伸长节间数进行分类，同一类型品种，在任何一个叶龄期其生育进程都是相同的。在水稻生长过程中，有三个关键叶龄期，分别是：有效分蘖临界叶龄期、拔节叶龄期和幼穗分化叶龄期，这三个关键叶龄期预示着分蘖特性开始转化、节间开始伸长和幼穗分化开始。

一、有效分蘖临界叶龄期

水稻分蘖与叶龄之间存在着 N－3（N 表示当前主茎叶龄数）叶蘖同伸规律。在实际生产过程中，当主茎长到第 4 叶时，第 1 叶的分蘖芽就会长出，分蘖芽和主茎上的第 1 张叶片就形成了主茎上的第 1 个分蘖 1-1；当主茎上第 5 片叶开始长出时，第 2 张叶片分蘖芽开始长出，形成第 2 个分蘖 2-1；同理，第 6 张叶片长出时，产生第 3 个分蘖 3-1；当第 7 张叶片长出时，第 4 叶的分蘖 4-1 形成，同时，分蘖 1-1 长出第 4 片叶，第 1 张叶片的分蘖芽长出，形成第 1 个二次分蘖 1-1-1，分蘖 2-1 长出第 3 片叶，分蘖 3-1 长出第 2 叶。主茎上长出的分蘖叫一次分蘖，一次分蘖上长出的分蘖叫二次分蘖，二次分蘖上长出的分蘖叫三次分蘖。这就是叶片生长与分蘖之间存在的叶蘖同伸规律。

水稻的拔节期叶龄是有规律的，当主茎长到 N－n＋3 叶龄时（N 表示主茎总叶龄数，n 表示伸长节间数）开始拔节。此时，分蘖就开始向两个极端发展，一部分继续生长形成稻穗，另一部分由于营养不足，开始退化，前一类分蘖叫有效分蘖，后一类分蘖叫无效分蘖。一般而言，在 N－n＋3 叶龄期达到或超过 3 叶 1 心的分蘖，具有独立的根系，理论上都能长成稻穗，这部分分蘖叫有效分蘖。反之，2 叶 1 心以下的分蘖，由于没有形成独立的根系，往往就会枯萎，这类分蘖叫无效分蘖。N－n＋1 叶龄期长出的分蘖，在主茎 N－n＋3 叶龄一般有两张叶片，这样的分蘖在适宜条件下往往会有部分成穗，如果群体过大或肥力不足就不能成穗，这部分分蘖称为动摇分蘖。动摇分蘖常作为前期分蘖不足田块的补充来调节田间群体数量。

为了从水稻生育进程上更好地区分有效分蘖和无效分蘖，凌启鸿教授研究团队提出了有效分蘖临界叶龄期的概念。在有效分蘖临界叶龄期以前发生的分蘖是有效分蘖，如果条件允许，均可以成穗，而在之后发生的分蘖为无效分蘖，不能成穗。通过大量的观察证实，对于伸长节间为 5 个或 5 个以上的品种，有效分蘖临界期为 N－n 叶龄期；对于 3～4 个伸长节间品种，有效分蘖临界期为是N－n＋1 叶龄期。

二、拔节叶龄期

当主茎基部第一个节间开始伸长时水稻就进入了拔节期。在第一个节间开始伸长时，伸长节间的叶位与正在抽出叶位相差 2～3 片叶，以此类推，这就是叶片与伸长节间之间存在的同伸规律。用 N 表示主茎叶片总数，n 表示伸长节间数量。N－n＋1 叶片所包裹的就是第一个伸长节间所处的位置，当它开始伸长时，处于 N－n＋3 这片叶开始生长（抽出）。根据这个规律，就可以总结出，水稻拔节期的叶龄就是 N－n＋3 或 n－2 的倒数叶龄期。我国的水稻品种繁多，不论什么样的水稻品种，这个规律都适用。

三、幼穗分化叶龄期

稻穗分化是一个连续过程。不同专家学者对于稻穗分化时期有着不同的划分方法。凌启鸿教授研究团队经过多年研究，将稻穗分化期分为 5 个阶段，分别为穗轴分化阶段，枝梗分化阶段，颖花分化阶段、花粉母细胞形成及减数分裂阶段和花粉充实完成阶段。与叶龄的对应关系：穗轴分化阶段为主茎上倒数第 4 片叶长出的后半叶期，枝梗分化阶段为倒 3 叶期，颖花分化阶段为倒 2 叶期，花粉母细胞形成及减数分裂阶段为剑叶期，花粉充实完成阶段为孕穗期。水稻幼穗分化期为倒 3.5 叶至孕穗这一段时期。

了解了水稻的叶龄模式，通过观察叶龄，就能够准确判断水稻各个阶段的发育进程，从而便于进行精确定量管理。

第三节　水稻精确定量栽培技术要点

水稻精确定量栽培技术的核心在于科学确定产量目标，通过精确定量播种期、基本苗、施肥量、施肥时期和灌溉，从而实现产量目标。

一、精确设计目标产量

确定产量目标一定要科学，不能盲目。要综合考虑所选择的水稻品种、栽培模式、气候条件、土壤条件等因素，并结合当地的产量水平，进行综合的定量。目标产量的确定主要有三种方式，第一种是保守型，第二是突破型，第三是绿色高效型。①保守型目标产量是以该品种在当地获得的最高产量作为目标产量，这种方式主要用于大面积生产，如高产创建，目标产量为 800 kg/亩* 或 900 kg/亩。②突破型目标产量是为了创造当地高产纪录，这种目标产量可以在当地最高产量基础上增加 15%～20%或者某一指定的产量，如 2006 年在永胜县涛源镇协优 107 的高产攻关目标产量为 1 300 kg/亩，这是当时世界最高单产，没有可以借鉴的相关资料，但利用水稻精确定量栽培技术的科学设计，水稻成熟时经专家验收达到了 1 287 kg/亩的世界最高产量纪录。2015 年红河州个旧市百亩高产样板目标产量为 1 000 kg/亩，这一产量远远超过当地的最高产量纪录（945 kg/亩），最终通过专家验收达到了 1 067.5 kg/亩，2016 年的目标产量就改为 1 100 kg/亩，经过 3 年的科学设计与实施，2018 年实现了目标产量，达到 1 152.3 kg/亩。③绿色高效型目标产量是为了减少化肥、农药的用量，因而目标产量可以适当降低 5%～10%。

---

* 亩为非法定计量单位，1 亩＝1/15 公顷。——编者注

二、精确设计群体指标

为了实现目标产量，需要构建合理的水稻群体，也就要定量各群体指标，如产量构成因素、茎蘖动态、高峰苗数、最大叶面积、粒叶比，尤其是抽穗到成熟期干物质积累量等。

（一）产量构成因素

产量构成因素是实现目标产量最直接、最关键的参数。产量（kg/亩）＝亩有效穗数×穗粒数×结实率×千粒重（g）×10^{-6}，只有基于高产实践从理论上论证了目标产量构成因素的可行性，在实际生产中目标产量才能实现。如2006年涛源镇协优107的高产攻关田，要达到1 300 kg/亩的目标产量，协优107的千粒重26.0 g，涛源镇高产水稻品种的亩最高穗数达到27万穗，由此推算穗粒数需要达到190粒，结实率85％以上，这两个数据2005年的试验数据均可以达到。因此，从理论上，协优107品种可以实现1 300 kg/亩的目标产量。

2018年红河州个旧市超优千号精确定量栽培百亩样板田要实现1 200 kg/亩的目标产量，其亩有效穗17万穗，穗粒数达到300粒，结实率90％，千粒重26.2 g，理论产量1 200 kg/亩，专家测产验收产量为1 152.3 kg/亩。

在设计方案时，要综合考虑生产环境和品种特性，把两者的优势均发挥到极致才能创造出高产，从理论上，产量构成因素之积要略超过目标产量。

（二）茎蘖动态

合理基本苗是水稻茎蘖动态的起点，基本苗过多或过少均不利于高产。基本苗过多，水稻还没到有效分蘖临界叶龄期茎蘖数已经超过目标穗数，高峰苗过大，导致后期穗肥不能按时按量施用，穗粒数较少，不利于高产。基本苗过少，茎蘖数不足，有效分蘖临界叶龄期茎蘖数不能达到预计穗数，将导致成熟期有效穗数不足，虽然可以通过增施穗肥进行一定的弥补，但是最终也很难形成高产。因此，适宜的基本苗和茎蘖动态是水稻高产的基础，标准是恰好在

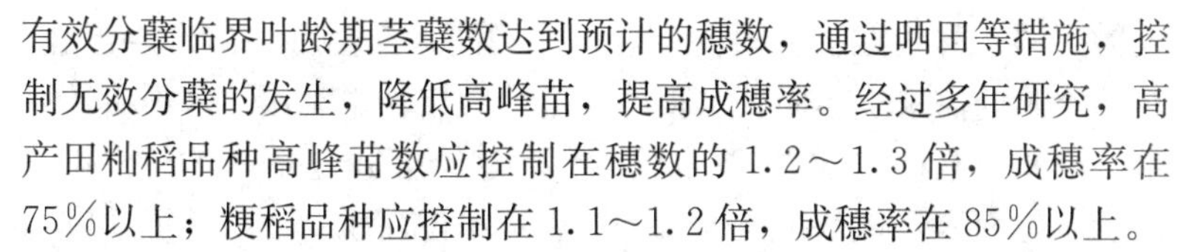

有效分蘖临界叶龄期茎蘖数达到预计的穗数，通过晒田等措施，控制无效分蘖的发生，降低高峰苗，提高成穗率。经过多年研究，高产田籼稻品种高峰苗数应控制在穗数的 1.2～1.3 倍，成穗率在 75%以上；粳稻品种应控制在 1.1～1.2 倍，成穗率在 85%以上。

（三）抽穗至成熟期干物质积累量

从生育阶段来看，抽穗至成熟期是水稻籽粒灌浆的关键时期，也是稻谷产量形成的最关键时期，提高这段时期内干物质积累量就是提高稻谷产量。经过分析，2006 年永胜县涛源镇协优 107 产量 1 287 kg/亩的攻关田，其齐穗期干物质积累量为 1 450 kg/亩，成熟期干物质积累量为 2 450 kg/亩，抽穗至成熟期的干物质积累量为 800 kg，折合标准含水量稻谷 924.9 kg，占稻谷目标产量 1 300 kg 的 71.1%。大量研究证实，抽穗至成熟期较高的干物质积累量是水稻高产的核心指标。

（四）高效叶面积率

水稻齐穗期茎生绿叶数与伸长节间数相同，其中上 3 叶称为高效叶片，其余叶片称为低效叶片。上 3 叶的面积占总叶面积的比例称为高效叶面积率。高效叶面积率越高水稻产量越高。在曲靖市麒麟区水稻精确定量栽培技术研究试验中，高效叶面积率从 74.4%提高到 84.2%，水稻产量从 686.7 kg/亩提高到 873.3 kg/亩。因此，提高水稻高效叶面积率是水稻高产的基础指标之一。

（五）粒叶比

粒叶比是衡量水稻源库协调关系的重要指标。粒叶比越高，表明单位叶片所承担的籽粒灌浆所需干物质越多，光合效率越高。云南由于地处高原，紫外线较强，籼稻品种的叶面积指数（LAI）较高，如涛源镇高产田块的最大 LAI 可达到 11～12；而粳稻品种由于植株不高、叶片较短，LAI 相对较小，大多为 4～6。云南省水稻的粒叶比大多在 0.8～1.0 粒/cm^2，最高可达 1.9～2.0 粒/cm^2。

三、精确定量基本苗

精确定量基本苗是水稻精确定量栽培技术中的重要技术环节。

秧龄不同、移栽方法不同、栽培模式不同，都会对分蘖产生影响，对基本苗的需求也不同。水稻精确定量栽培技术利用“基本苗数=单位面积适宜穗数/单株秧苗成穗数”这个公式定量基本苗。用X表示单位面积合理基本苗数量，Y表示单位面积高产条件下适宜的稻穗数量，ES表示每株秧苗的成穗数，三者之间的关系是X=Y/ES。Y的数值一般要根据所选择品种在特定环境下高产田块所达到的有效穗数及实现目标产量所需有效穗数进行定量；ES表示每株水稻秧苗可以成穗的茎蘖数，即秧苗主茎和有效分蘖成穗数量加到一起的总数，ES的数值则是根据所选择水稻品种的主茎总叶片数、伸长节间数、移栽时秧苗叶龄、秧苗上所带的分蘖大小、数量等，利用数学公式进行精确计算得出。有了Y和ES的数值，然后再根据X=Y/ES这个公式，就能够准确地计算合理基本苗数量X的数值了。

基本苗确定以后，要确定移栽的株行距，精确定量栽培技术提倡水稻群体间的通风透光，因此要扩大行距，延迟封行时间。多年试验结果显示，云南省籼稻区行距为9～10寸*，粳稻区为8～9寸，杂交稻每穴栽插1～2苗，常规稻每穴栽插2～3苗，根据基本苗的多少确定合理株距。

四、精确定量施肥

凌启鸿教授研究团队经过多年试验结果得出，高产水稻对氮、磷、钾的需求比例为1∶0.45∶1.2。对江苏省粳稻来说，如果目标产量定在600 kg/亩，百千克稻谷需氮量定为2.0 kg比较适宜；如果目标产量定在700～800 kg/亩，百千克稻谷需氮量定为2.1 kg比较适宜。利用“总需氮量=目标产量×百千克籽粒需氮量”公式就能够精确地计算出水稻生育期内总需氮量。不同地区，地力条件不同，土壤供肥量也不相同，建议到当地土壤部门查找测土配方数据，或者通过自己设置不施氮区测定土壤供氮量。有了总需肥量和

---

* 寸为非法定计量单位，1寸=10/3 cm。——编者注

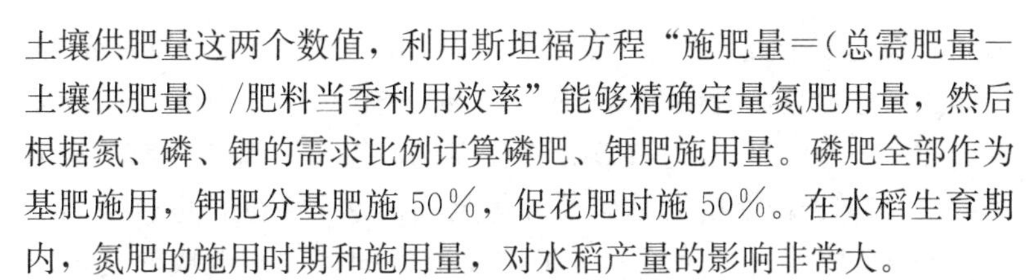

土壤供肥量这两个数值，利用斯坦福方程“施肥量=(总需肥量－土壤供肥量) /肥料当季利用效率”能够精确定量氮肥用量，然后根据氮、磷、钾的需求比例计算磷肥、钾肥施用量。磷肥全部作为基肥施用，钾肥分基肥施50%，促花肥时施50%。在水稻生育期内，氮肥的施用时期和施用量，对水稻产量的影响非常大。

氮肥作为基肥施用的比例，要根据移栽秧苗的叶龄来进行确定，已经达到或超过6叶龄的秧苗，这样的秧苗就是大中苗了，对于准备移栽这种秧苗的田块，基肥中氮肥用量一般为氮肥施用总量的30%～45%。如果移栽时采用的是3叶1心或4叶1心的小苗，施用量掌握在氮肥施用总量的10%～12%就可以了。施基肥以后，要对田块进行深翻，达到土壤糊烂适度，田面平整。

水稻秧苗移栽后直至成熟这段时期内，一般要施3次肥料。一是分蘖肥，二是促花肥，三是保花肥。分蘖肥在移栽后1个叶龄时(移栽后5～7 d) 施用；促花肥在第N－4叶片抽出时（主茎倒4叶露尖）施用；保花肥在第N－2叶片抽出时（主茎倒2叶露尖）施用。促花肥施用氮肥和钾肥，保花肥施用氮肥。

氮肥的施用量与施用比例与移栽时秧苗的大小关系密切。如果移栽时采用的是6、7叶龄的中大苗，分蘖肥应占氮肥施用总量的10%～15%，促花肥应占氮肥施用总量的30%～35%，保花肥应占氮肥施用总量的15%～20%。如果移栽时采用的是3叶1心或4叶1心的小苗，分蘖肥应占氮肥施用总量的37%～40%，促花肥应占氮肥施用总量的30%～33%，保花肥应占氮肥施用总量的18%～20%。在云南籼稻区和粳稻区采用基肥：分蘖肥：促花肥：保花肥=1：1：1：1的均衡施氮法，取得了较好的增产效果。

五、精确定量灌溉

精确定量灌溉也是水稻精确定量栽培技术中的关键技术之一。对水稻进行精确定量灌溉，既能满足水稻的正常生长，提高产量，又能够节约用水，改善稻田环境，减少稻田甲烷的排放。对于伸长

节间总数为5个或5个以上的品种，N－n叶龄为有效分蘖临界期，控制无效分蘖期的叶龄为N－n－1。对于有3～4节伸长节间的品种，以N－n＋1叶龄为有效分蘖临界期，控制无效分蘖期叶龄为N－n。水稻长穗期指的是穗轴分化至抽穗这个时期，也就是N－3.5叶龄至抽穗这个阶段。水稻结实期指的是抽穗至成熟这段时期。精确定量灌溉总体原则是在活棵分蘖期采用干湿交替灌溉，每次灌2～3 cm深的水层，落干后2～3 d再灌水，促进分蘖的发生；在无效分蘖期通过设计灌溉，落干后5～7 d再灌水，通过晒田调节植株C/N比，控制无效分蘖的发生；在长穗期和结实期要进行干湿交替灌溉，保持土层湿润，保证叶片正常进行光合作用，籽粒正常灌浆结实。

（一）有效分蘖期灌溉

移栽6、7叶龄大中苗的田块，由于秧苗较大，移栽后要及时进行浅水层灌溉，水层以2～3 cm为宜。等田间水落干后，要再次进行灌水，从而促进发根活棵。对于移栽3叶1心或4叶1心小苗的田块，移栽后保持田间湿润就可以，从而促进秧苗发根。当移栽后秧苗长出第2片新叶时，秧苗已经扎根土壤，这时应进行浅水层灌溉，水层以2～3 cm为宜，等田间水落干后，要再次灌水，从而促进发根活棵和分蘖的发生。

（二）无效分蘖期灌溉

在水稻生长过程中，控制无效分蘖对于构建合理群体、提高群体质量和产量十分重要。水稻的分蘖发生与否，与水分供应是否充足有密切关系。当田间水分不足时，水稻植株受到干旱胁迫，生理功能就会减弱，分蘖部位养分供应不足，导致小蘖枯死并抑制后续分蘖的产生。利用水稻分蘖的这种特性，常常采用搁田的方法减少田间水分供应，从而对无效分蘖进行控制。搁田时间一般掌握在1～2个叶龄期，也就是5～15 d，这样能够保N－n期分蘖的正常发生，抑制N－n＋1和N－n＋2期分蘖的发生。例如，主茎总叶数为16，伸长节间为5的品种，它的有效分蘖临界期叶龄为N－n＝16－5＝11，需要对12、13叶龄期发生的分蘖进行控制，开始

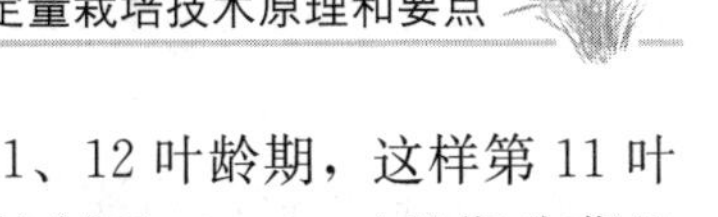

搁田的时间应该在 10.5 叶龄，重搁 11、12 叶龄期，这样第 11 叶龄期的分蘖能够正常发生，而较好地控制了 12、13 叶龄期分蘖的发生。

生产实际中应该如何进行搁田呢？水稻精确定量栽培技术中提倡用测土壤水势的方法进行判断，更为精准。土壤水分张力计即为测定土壤水势的仪表。不同水稻种类，控制无效分蘖期适宜的土壤水势有一定差异。对于粳稻，搁田期间土壤水势一般掌握在－20～－10 kPa，常规籼稻品种掌握在－25～－15 kPa，杂交籼稻品种掌握在－30～－20 kPa 就可以了。在掌握好土壤水势的同时，还要对主茎叶片的颜色进行观察，当搁田期间心叶的叶色明显偏黄时，就说明搁田已经到位了。

（三）长穗期灌溉

水稻长穗期是水稻营养生长和生殖生长并进时期，这一时期水分需求量明显增加，根系大量发生。在这个时期精确灌溉非常关键，既要满足水分的足量供应，还要满足土壤的透气性从而满足根系的正常生长。对于粳稻，适宜的土壤水势最低值为－8～－5 kPa；常规籼稻最适宜的土壤水势最低值为－12～－8 kPa；杂交籼稻最适宜的土壤水势最低值为－15～－12 kPa。在这个期间，稻田应处于湿润但没有水层的状态。当土壤水势低于最适宜的数值时，就要灌水，使田间水层达到 2～3 cm 深，然后等水层落干土壤水势达到适宜的最低值时再次灌水。这种浅水层与湿润交替的灌溉方式，不仅能够满足水稻生长对水分的需求，还能满足土壤的透气性，利于根系发育生长；同时还能够使土壤板实而不虚浮，增强水稻后期的抗倒伏能力。

（四）结实期灌溉

结实期是水稻产量形成的关键时期。在这个时期，依然要采用浅水层与湿润交替的方式灌溉。这个阶段内，对于粳稻，适宜的土壤水势最低值为－15～－10 kPa；常规籼稻最适宜的土壤水势最低值为－20～－15 kPa；杂交籼稻最适宜的土壤水势最低值为－25～－20 kPa。

六、浅水清水栽浅秧

将旋耕好的移栽田沉淀一夜以上，当田面的清水层达到 2～3 cm 时，就可以进行移栽了。至于移栽的株距和行距，要根据所选择的品种以及确定的基本苗数量，在技术人员的指导下进行。移栽时，插秧深度也要掌握好，以分蘖节入土 1 cm 左右为最好，有利于缓苗和分蘖的早生快发。

七、病虫害综合防治

在水稻生长期间，要根据当地病虫害发生的种类、时期、特点等，认真做好预测预报工作，发现病、虫危害并达到防治指标时要及时进行综合防治。在全省范围内苗期需要做好立枯病、稻瘟病、稻曲病、稻飞虱的预测预报和防控工作。

八、适时收获

水稻成熟前 8～10 d 断水，在水稻还有两张绿色叶片时，选择晴天进行适时收获。

总之，水稻精确定量栽培技术，以叶龄模式和群体质量为理论基础，预先设定高产目标和群体指标值，通过精确定量基本苗、精确定量施肥、精确定量灌溉，最终实现预定产量目标。由于具有较强的专业技术性，在使用过程中，一旦有不明白的地方，一定要多请教专家。另外，还要结合当地情况，在技术人员指导下，科学确定育苗时间，从而保证秧苗质量；移栽时科学确定行距和株距，并及时预防杂草和病虫害。水稻精确定量栽培技术，改变了水稻传统栽培技术中存在的盲目定植、盲目施肥灌溉等粗放的方法，在水稻生长关键时期进行精确定量管理，用适宜的投入，适宜的操作管理次数，实现省种、省苗、省工，最终提高产量。

第二章　云南稻作区立体生态稻作亚区的影响因子和划分

光、温、水是影响水稻分布的主要气候因子。光包括太阳辐射和日照时数。太阳辐射是形成水稻产量的能源，它对一个地区的水稻产量有很大影响。太阳辐射总量决定于天文辐射、大气透明度和天空遮蔽状况，其中太阳总辐射量在一个地区是不变的，大气透明度和天空遮蔽状况各地不同，因此形成了太阳辐射总量的时空变化。日照时数与水稻品种的生态特性有密切关系，理论日照时数主要决定于太阳高度角，即随纬度而变。日照时数与太阳辐射成正相关。热量条件的差异与品种生态类型有密切关系，决定水稻的熟制和品种区域性，是水稻区划的重要依据。在云南省范围内，海拔与纬度共同影响温度变化，典型相关分析结果表明海拔对温度的影响大于纬度的影响，所以，可利用海拔替代温度作为生态区划标准。

云南是典型的立体生态稻作区，从海拔 76 m 的河口县到 2 700 m 的宁蒗县永宁镇均有水稻种植，海拔跨度 2 600 多 m，南北跨纬度将近 8°。云南水稻生育期从 120 d 到 220 d，相差 100 d。我国南起海南岛，北至黑龙江，所有的稻作生态类型，在云南均可以找到。中国农业科学院的研究把云南划分为 6 个稻作区，分别为：高寒粳稻区、高原粳稻区、籼粳交错稻区、单双季籼稻区、水陆稻兼作区、一季晚籼稻区。程侃声（1961）把云南省的稻作区划分为 5 个稻作区，即高寒粳稻区、高原粳稻区、籼粳交错区、单双季籼稻区和水陆兼作区。蒋志农（1995）将云南稻作区划分为：高寒粳稻

区、温凉粳稻区、温暖粳稻区、单双季籼稻区和水陆稻兼作区。这两种划分方法比较接近云南水稻生长的实际，也包括了云南的稻作类型。由于社会的发展、技术的进步，云南省水稻生产实际发生了较大的改变，双季稻种植面积已经很少，水陆稻兼作区的提法与其他稻区的提法不相协调。因此，上述亚区的划分不再适合现在的云南稻作分布情况。

本文以水稻生长期的日平均气温为主要因子，兼顾日照时数、降水量和空气湿度三因子，划分云南稻作生态区。由于云南地形复杂，海拔高差悬殊，垂直气候分布差异非常显著，从而形成了多种多样的耕作制度和丰富多彩的稻种资源，也为不同生态区水稻高产栽培带来了较大的难度。本文根据海拔和气温的差异把云南水稻种植区域划分为三个大区，即籼稻区、籼粳稻交错区和粳稻区。并根据空气湿度差异把籼稻区划分为干热籼稻亚区和湿热籼稻亚区，这两个亚区在生产上主要是水稻产量差异较大。粳稻区的差异主要是温度，因此仍以温度的高低划分为温暖粳稻亚区和冷凉粳稻亚区。这就形成了三个大区、五个亚区的水稻生产特点。对云南稻作区的立体生态稻作亚区进行重新划分，旨在为后续研究云南不同生态区水稻高产特性和栽培技术提供依据。

第一节　海拔和纬度对气象因子的影响

一、海拔和纬度对温度的影响

云南稻作区水稻生长季节的日均气温受海拔影响较大（图 2-1）。海拔从 400 m 增加到 2 400 m，日平均气温降低了 11.2 ℃，海拔每上升 100 m 日平均气温下降 0.55 ℃。在海拔 1 000 m 以下地区，日均气温 23～27 ℃；海拔 1 000～1 400 m 地区，除元谋日均气温高于 23 ℃外，大部分地区日均气温 20～23 ℃；海拔 1 400～1 700 m 地区，日均气温 17～20 ℃；海拔 1 700～2 200 m 地区，除楚雄日均气温高于 18 ℃外，大部分地区日均气温在 15～18 ℃；海

拔 2 200 m 以上地区，日均气温 14～15 ℃。立体生态区水稻生长季节的平均温度受海拔影响较大。

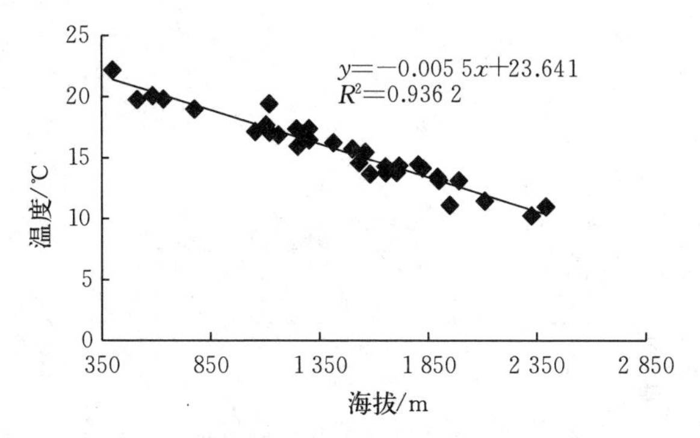

图 2-1　水稻生长季节日平均气温与海拔的关系

随着纬度的升高，水稻生长期间的日平均温度呈下降趋势，在北纬 21°，平均温度在 24.0 ℃，而到北纬 27°时，平均温度降为 14.0 ℃（图 2-2）。从趋势线可以看出，纬度每升高 1°，平均温度降低 1.2 ℃。

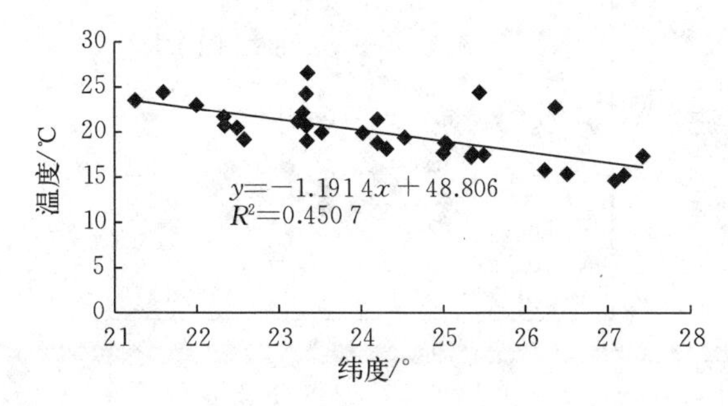

图 2-2　水稻生长季节平均温度与纬度的关系

二、海拔和纬度对降水量的影响

随着海拔升高，水稻生长季节降水量有减少的趋势，海拔 1 000 m以下地区降水量 1 000～1 400 mm，海拔 1 000～2 000 m

地区的降水量变化较大，海拔 2 000 m 以上地区降水量 750～950 mm（图 2-3）。整体来看，海拔每增加 100 m，降水量降低 22 mm。

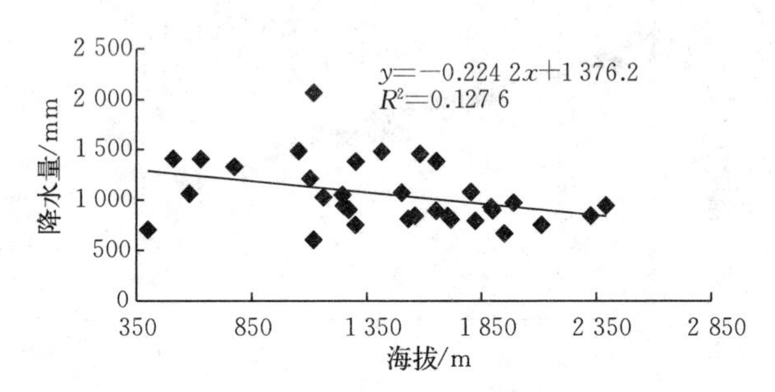

图 2-3　水稻生长季节降水量与海拔的关系

低纬度地区降水量较多，而高纬度的地区降水量较少。随着纬度的升高，降水量降低。纬度每升高 1°，降水量减少 84 mm（图 2-4）。

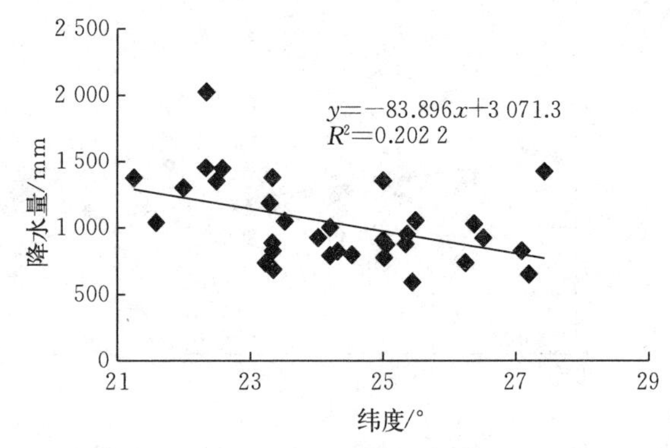

图 2-4　水稻生长季节年降水量与纬度的关系

三、海拔和纬度对相对湿度的影响

随着海拔的上升，相对湿度有降低的趋势，但降低规律性不强（图 2-5）。在海拔 500 m 的区域，相对湿度在 80%左右，而在

2 400 m 区域，相对湿度仅达到 70%。元谋、华坪两县生态气候特殊，其相对湿度低于 70%，因两个县均处于金沙江流域，受干热河谷气候影响。

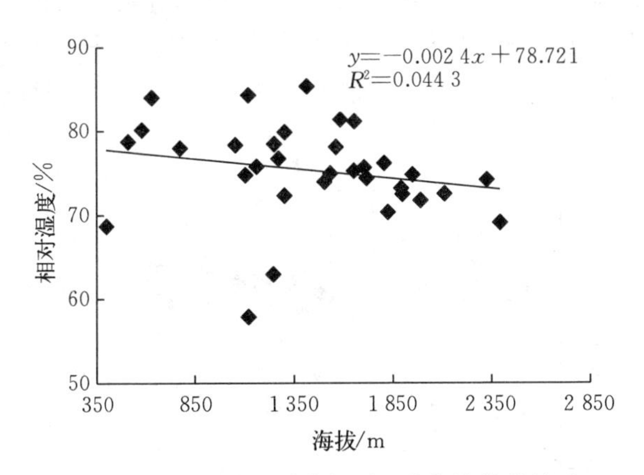

图 2-5　水稻生长季节相对湿度与海拔的关系

纬度较低的地区相对湿度较高，而高纬度的地区相对湿度较低。随着纬度的升高，相对湿度降低。纬度每升高 1°，相对湿度减少 1.7%（图 2-6）。云南省水稻生长期内相对湿度主要由纬度决定，受海拔的影响较小。

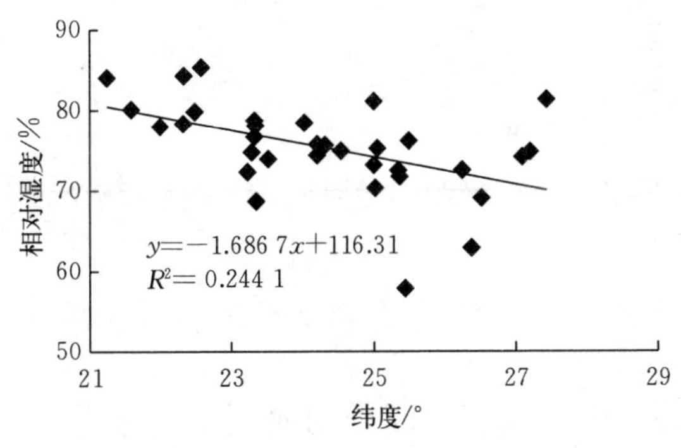

图 2-6　水稻生长季节相对湿度与纬度的关系

四、海拔和纬度对日照时数的影响

海拔从 400～2 400 m，日照时数的差异不大，大部分地区在 4.5～6.5 h，只有海拔 1 200～1 300 m 的部分地区日照时数达到 6.5 h 以上，极个别地区低于 4.5 h（图 2-7）。水稻生长季节日照时数与海拔的相关不密切。水稻生长季节的日照时数与纬度变化的规律性不强（图 2-8）。

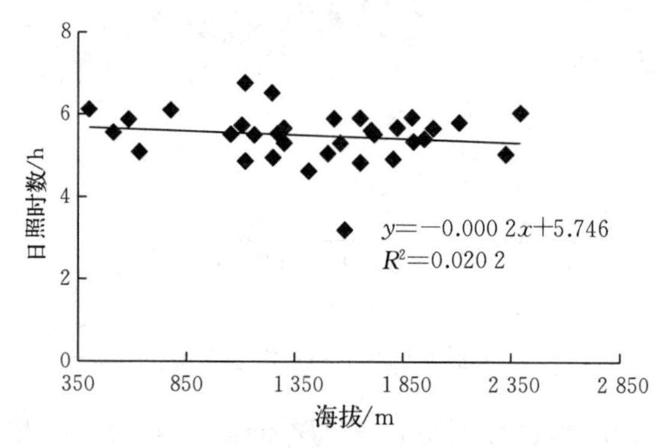

图 2-7　水稻生长季节日照时数与海拔的关系

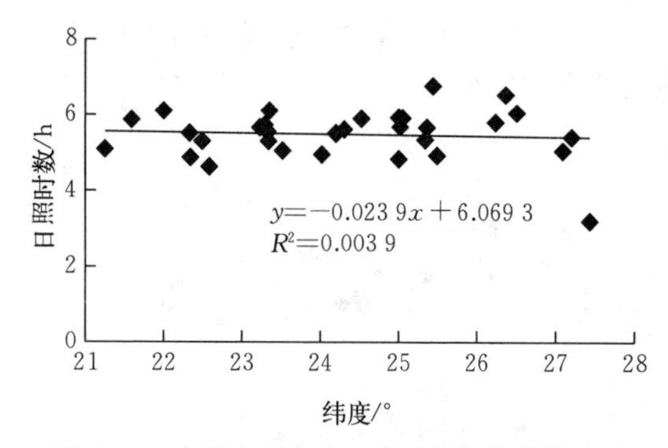

图 2-8　水稻生长季节日照时数与纬度的关系

五、环境因子与气象因子的典型相关分析

以上研究发现气象因子的数据同时受到海拔和纬度的共同作

用，为进一步分析海拔、纬度变化对气象因子的影响，对海拔（X_1）、纬度（X_2）、年平均温度（Y_1）、日照时数（Y_2）、相对湿度（Y_3）、降水量（Y_4）进行典型相关分析。结果表明：虽然 H_1（环境因子最重要的典型变量）与 C_1（气象因子最重要的典型变量），H_2（环境因子第二重要的典型变量）与 C_2（气象因子第二重要的典型变量）都具有相关性，但是第 1 对典型变量 H_1 与 C_1 所占的贡献率高达 99%，因此以第 1 对变量为主（表 2-1）。经过标准化变量后为：

$$H_1=0.9474X_1+0.1031X_2$$

$$C_1=-0.9584Y_1+0.0619Y_2-0.2474Y_3+0.0447Y_4$$

$$(r_1=0.9882,\ P<0.01)$$

H_1 与 C_1 两者的典型相关包含了 99%的相关信息，表明在云南省范围内地点的海拔（X_1）比纬度高低（X_2）对气象因子的影响更大，表明海拔是决定气象条件的主要因子；而气象因子（C_1）中，温度（Y_1）起着决定性的作用，日照时数（Y_2）、相对湿度（Y_3）、降水量（Y_4）对气候类型的影响较小。由于 H_1 与 C_1 典型相关，可以得出：海拔（X_1）是决定年平均温度（Y_1）的主要因子，也是决定气候类型的主要因子。因此，以海拔的高低来划分云南省水稻生态类型是切实可行的。

表 2-1　地理位置与气候因子的典型相关分析

编号	特征根	贡献率	累计贡献率	典型相关系数	典型相关系数的平方	P 值 Pr>F
1	41.728 2	0.990 3	0.990 3	0.988 2	0.976 6	<0.000 1
2	0.407 0	0.009 7	1.000 0	0.537 8	0.289 3	0.021 1

第二节　云南立体生态稻作亚区的划分

在自然条件中，温度对稻作分布影响最大，而温度高低又受海拔、纬度和降水量多少的影响。热量条件与品种生态类型有密切关

系，并决定着我国稻作的熟制和区域性，是稻作区划的一个重要依据。Reaumur 在 1735 年创立了积温学说，认为作物完成某一阶段发育过程所需要的活动积温为一常数。在预测作物的生育期研究中，从积温学说到有效积温，从临界温度到三基点的提出，都把温度作为决定水稻生育期的主要因素。在三基点理论中认为同一作物生长的最低温度都是一致的，而凌启鸿等认为，籼稻品种的最低生物学温度要比粳稻品种高 2 ℃。考虑到生态亚区的差别，本研究中籼稻品种的下限温度定为 12 ℃，粳稻品种为 10 ℃。由于地形复杂，在云南的某些县，有时一个乡镇或一个村内，常兼有两三个稻区特点，如元阳县的梯田，海拔跨度较大，坡脚种籼稻、坡顶种粳稻。对于这种海拔差异较大的县，本研究中仅以其主要气候特点、水稻类型和熟期进行划分。活动积温和有效积温是水稻区划和计算机模型模拟中应用较多的参数之一。一般认为，≥10 ℃以上的日平均温度称作水稻的活动温度，某一时期内活动温度的总和称为活动积温。活动温度与生物学下限温度之差称为有效温度，某一时期内有效温度的总和叫有效积温。本章研究了云南立体生态区的温度特性、水稻生育期和熟期类型，从栽培技术的角度进行稻作生态亚区的划分，为制定相应的高产栽培方案奠定基础。

通过上文分析，日均温度是云南稻作区立体生态稻作亚区划分的主要指标，日均温度同时受海拔和纬度的影响，但在云南主要受海拔的影响。综合分析了不同地区海拔、纬度、日照时数、降水量、空气相对湿度和水稻生长期日均气温、种植的水稻类型，把云南稻作区划分为籼稻区、籼粳稻交错区和粳稻区。籼稻区主要分布在北纬 25°以南，海拔 1 500 m 以下区域和北纬 24°～27°，海拔 1 100～1 500 m 的江河流域；籼稻区水稻生长期平均温度≥20 ℃，活动积温≥5 000 ℃；籼粳稻交错区主要分布在北纬 24°～27°，海拔 1 500～1 700 m 的区域，该区域水稻生长期平均温度在 19～23 ℃，活动积温 4 200～4 500 ℃；粳稻区主要分布在北纬 25°～28°，海拔 1 700～2 700 m 区域，该区域水稻生长期日均温 15～19 ℃，活动积温 3 500～4 500 ℃（表 2-2）。

表 2-2　不同生态亚区特征

生态区	生态稻作亚区	海拔/m	纬度/°	全年		水稻生长期				
				平均温度/℃	活动积温/℃	平均温度/℃	活动积温/℃	降水量/mm	相对湿度/%	日照时数/h
籼稻区	HISZ	<1 500	<25	≥18	≥6 000	≥20	≥5 000	1 100～2 200	70～85	5～6
	DISZ	1 100～1 500	24～27	≥20	≥7 000	≥22	≥5 500	<1 100	<70	6～7
籼粳稻交错区	IJSZ	1 500～1 700	24～27	14.5～16	5 000～6 000	19～23	4 200～4 900	800～1 500	70～85	4.6～6
粳稻区	WJSZ	1 700～2 100	25～28	14.5～16	5 000～5 900	17～19	4 200～4 500	900～1 500	70～80	3.2～6
	CJSZ	2 100～2 700	25～28	11.6～14	4 200～5 000	15～17	3 500～4 000	600～1 000	69～75	5～6

注：籼稻的活动积温为≥12 ℃的温度之和，粳稻的活动积温为≥10 ℃的温度之和。

籼稻区温度较高，但温度不是限制水稻生长的因子，限制水稻生产的主要因子是空气湿度和降水量。根据云南籼稻区的降水量和空气湿度的差异，把籼稻区划分为：湿热籼稻亚区和干热籼稻亚区。粳稻区温度始终是限制水稻生长的最主要因子，根据生态区温度的高低把粳稻区划分为：温暖粳稻亚区和冷凉粳稻亚区。

各亚区的气候特点及分布如下：

湿热籼稻亚区（Humidity Indica Sub－zone，HISZ）：主要分布在北纬25°以南、海拔在1 500 m以下的地区，年平均温度≥18 ℃，≥12 ℃的年积温≥6 000 ℃，3—10月水稻生长期平均温度≥20 ℃，活动积温≥5 000 ℃，降水量1 100～2 200 mm，空气湿度70％～85％，日照时数5～6 h。主要分布在云南省的西双版纳州、德宏州、普洱市、红河州、文山州、临沧市等地，代表性县市有元江县、景洪市、孟连县、勐腊县、瑞丽市、耿马县、澜沧县、景东县、江城县、宁洱县、文山市等。

干热籼稻亚区（Dry Indica Sub－zone，DISZ）：主要在北纬24°～27°，海拔1 100 m～1 500 m的坝区，年平均温度≥20 ℃，≥12 ℃的年积温≥7 000 ℃，3—10月水稻生长期的平均温度≥22 ℃，活动积温≥5 500 ℃，降水量＜1 100 mm，空气湿度＜70％，日照时数6～7 h。主要分布在金沙江、澜沧江、怒江、红河等河谷地区，代表性县市有华坪县、元谋县、宾川县、个旧市、蒙自市等。

籼粳稻交错亚区（Indica－Japonica Sub－zone，IJSZ）：主要分布在北纬24°～27°，海拔1 500～1 700 m的区域，海拔1 500～1 700 m，年均温14.5～16 ℃，≥12 ℃的年积温5 000～6 000 ℃，3—10月水稻生长期平均温度19～23 ℃，活动积温4 200～4 900 ℃，降水量800～1 500 mm，空气湿度70％～85％，日照时数4.6～6 h。主要分布在宜良县、弥勒县、禄丰县、广南县、屏边县、临沧市、临翔区、砚山县、腾冲县、贡山县、保山市隆阳区等，代表性县市有临沧市临翔区、广南县、屏边县、砚山县、保山市隆阳区、腾冲县、宜良县等。

温暖粳稻亚区（Warm Japonica Sub－zone，WJSZ）：主要分布在北纬25°～28°，海拔1 700～2 100 m的区域，年平均温度14.5～16.0 ℃，≥10 ℃的年积温5 000～5 900 ℃，3—10月水稻生长期平均温度17～19 ℃，活动积温4 200～4 500 ℃，降水量900～1 500 mm，空气湿度70％～80％，日照时数3.2～6 h。主要分布在玉溪市红塔区、楚雄市、泸水县、泸西县、下关市、贡山县、沾益县等，代表性县市有玉溪市红塔区、楚雄市、泸水县、泸西县、下关市、沾益县等。

冷凉粳稻亚区（Cool Japonica Sub－zone，CJSZ）：在北纬25°～28°，海拔2 100～2 700 m的区域，年均温低于11.6～14 ℃，≥10 ℃的年积温为4 200～5 000 ℃，3—10月水稻生长期平均温度15～17 ℃，活动积温3 500～4 000 ℃，降水量600～1 000 mm，空气湿度69％～75％，日照时数5～6 h。主要分布在滇西北和滇东北，包括：会泽县、丽江市古城区、昭通市昭阳区、维西县、宁蒗县、永胜县等，代表性县市有宁蒗县、丽江市古城区、维西县。

第三章　云南立体生态稻作亚区水稻叶龄模式

第一节　海拔和纬度对水稻生育期的影响

一、立体生态稻作亚区水稻生育期差异比较

云南全省种植的水稻品种生育期差异较大，在西双版纳州勐腊县水稻生育期仅 123 d 左右，而在丽江市宁蒗县永宁镇水稻生育期达到 220 d，两地水稻生育期相差 97 d。从不同生态亚区水稻品种的生育期来看，随着种植区域海拔的升高，适于种植水稻品种的生育期延长。湿热籼稻亚区（HISZ）可种植早、中、晚稻，其生育期分别为 141～156 d、153～187 d、123～142 d；干热籼稻亚区（DISZ）水稻品种的生育期为 166～186 d；籼粳稻交错亚区（IJSZ）籼稻品种生育期为 177～184 d，粳稻品种生育期为 171～183 d；温暖粳稻亚区（WJSZ）水稻品种的生育期为 189～199 d；冷凉粳稻亚区（CJSZ）品种的全生育期为 205～220 d（表 3-1）。

湿热籼稻亚区（HISZ）由于气温较高和品种生育期较短，播种期可选择的范围较大，从 12 月至翌年 6 月均可播种，成熟期为 6 月上旬至 10 月下旬；干热籼稻亚区（DISZ）气温较高，水稻品种生育期较长，播种期基本在 3 月中旬至 4 月上旬，成熟期在 9 月；籼粳稻交错亚区（IJSZ）的籼稻品种播种期在 2 月下旬至 3 月底，成熟期 8 月下旬至 10 月中旬，粳稻品种播种期在 3 月中旬至 4 月上旬，成熟期在 9 月上旬至 10 月中旬；温暖粳稻亚区（WJSZ）播种期集中在 3 月中旬，成熟期在 9 月中旬至 10 月上旬。

冷凉粳稻亚区（CJSZ）由于气温较低，播种期集中在 3 月下旬至 4 月上旬，成熟期在 10 月中下旬。

表 3-1　云南省立体生态稻作亚区水稻播收期与全生育期汇总表

生态稻作亚区	水稻类型	播种期/(月/日)	收获期/(月/日)	全生育期/d
HISZ	早稻	12/20—2/10	5/25—6/30	141～156
	中稻	2/15—4/10	8/20—9/10	153～187
	晚稻	5/20—6/15	9/20—10/20	123～142
DISZ	籼	3/10—4/10	9/2—9/25	166～186
IJSZ	籼	2/25—3/30	8/20—10/10	177～184
	粳	3/15—4/15	9/2—10/15	171～183
WJSZ	粳	3/15—3/35	9/20—10/10	189～199
CJSZ	粳	3/19—3/30	10/10—10/25	205～220

二、海拔对水稻生育期的影响

随着海拔的升高，籼稻品种和粳稻品种的生育期均延长。海拔每上升 100 m，云恢 290 和滇屯 502 两个品种的生育期均延长 5.4～5.5 d，粳稻品种云粳 29 生育期延长 4 d、凤稻 19 延长 4.7 d、楚粳 28 延长 5.0 d（图 3-1）。整体来看，随着海拔的升高，籼稻品种生育期延长的时间比粳稻品种长，海拔升高 100 m，水稻生育期延长 5 d 左右。

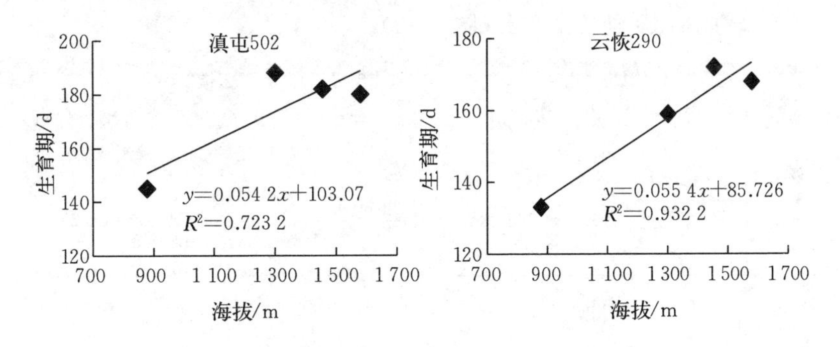

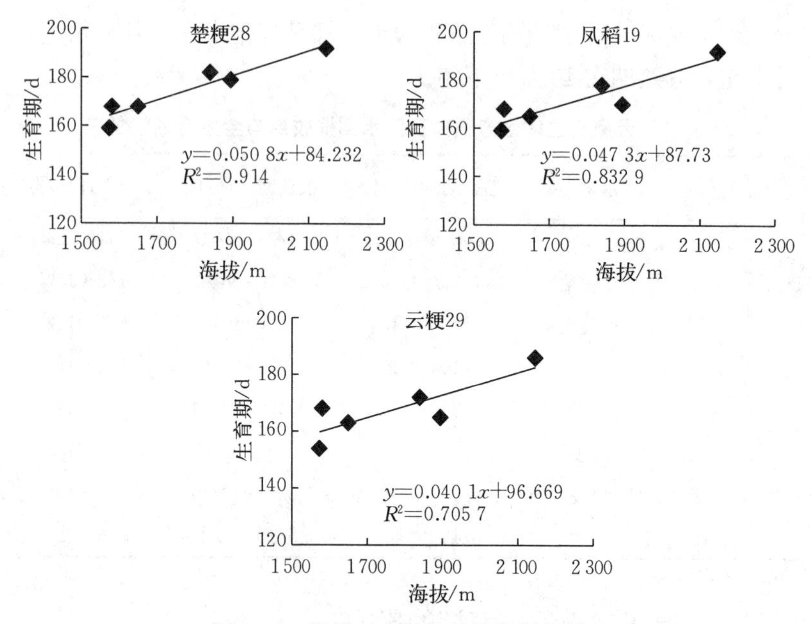

图 3-1　海拔对水稻品种生育期的影响

三、纬度对水稻生育期的影响

随着纬度的增加，籼稻品种生育期延长，而粳稻品种的生育期变化不大。纬度每增加 1°，籼稻品种生育期延长 15～18 d，其中滇屯 502 生育期延长了 15 d，云恢 290 延长了 18 d；而粳稻品种生育期仅延长 3～7 d，其中楚粳 28 生育期延长了 3 d，云粳 29 延长了 6.5 d，凤稻 19 延长了 7 d（图 3-2）。

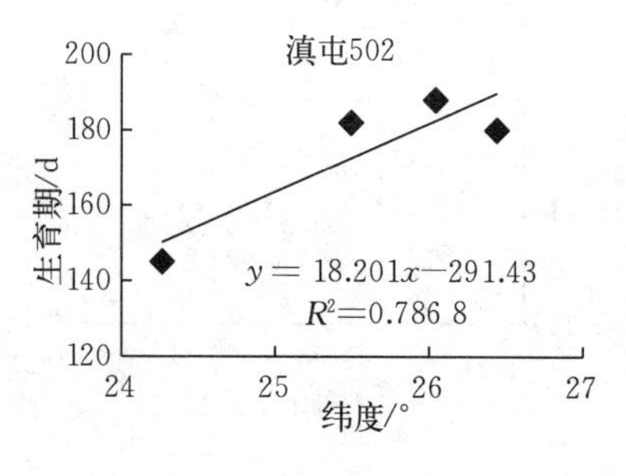

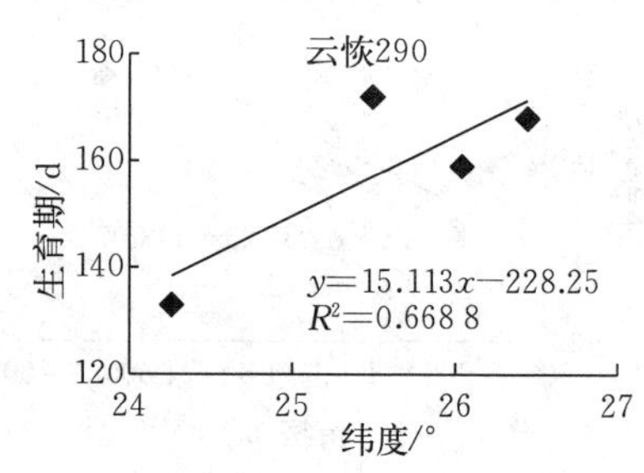

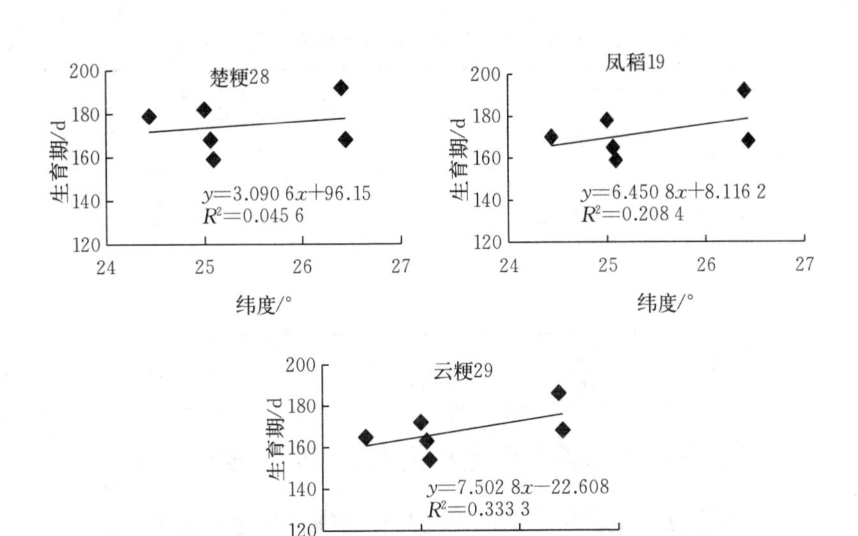

图 3-2　纬度对水稻品种生育期的影响

第二节　海拔和纬度对水稻主茎总叶片数的影响

一、立体生态稻作亚区水稻主茎总叶片数和伸长节间数的变化规律

随着生态亚区海拔的增加，温度的降低，水稻总叶片数减少。湿热籼稻亚区（HISZ）极早熟品种的总叶片数为16～17叶，特早熟品种为17叶，伸长节间数均为5节；干热籼稻亚区（DISZ）16～20叶，品种的伸长节间数为5～6节，非常特殊的环境和品种伸长节间数会达到7节；籼粳稻交错亚区（IJSZ）籼稻品种的总叶片数17～19叶，伸长节间数均为6节；粳稻品种的总叶片数14～15叶，伸长节间数为4～5节，多为4节；温暖粳稻亚区（WJSZ）品种的叶片多为12～14.5叶，伸长节间数4节；冷凉粳稻亚区（WJSZ）品种的叶片为13～14叶，伸长节间数4节（表3-2）。

表 3-2　不同稻作亚区水稻总叶片数和伸长节间数

生态稻作亚区	水稻类型	总叶片数（N）/叶	伸长节间数（n）/叶
HISZ	早稻	16～17	5
	中稻	16～17	5
	晚稻	12～14	4
DISZ	籼	16～20	5～7
IJSZ	籼	17～19	6
	粳	14～15	4～5
WJSZ	粳	12～14.5	4
CJSZ	粳	13～14	4

二、立体生态稻作亚区水稻主茎出叶速度变化规律

对云南立体生态稻作亚区不同品种播种至孕穗期出叶速度进行调查，结果显示移栽至倒 3 叶抽出时出叶速度较快，其中湿热籼稻亚区（HISZ）生长一张叶片最快仅需 4 d，温暖粳稻亚区（WJSZ）部分品种最长需 9 d；秧苗期籼稻多为 5～8 d/叶，粳稻较慢为 7～10 d/叶；倒 3 叶抽出后出叶速度逐渐变慢，最长需 13 d 完成一张叶片的生长；全生育期和本田生育期籼稻品种出叶速度平均为 6～8 d，粳稻较慢，一般为 7～9 d（表 3-3）。

表 3-3　不同稻作亚区水稻品种关键生育阶段出叶速度

单位：d/叶

生态稻作亚区	品种类型	地点	品种	播种至移栽	移栽至倒3叶抽出	倒3叶抽出至孕穗	全生育期	本田生育期
HISZ	籼	景洪、芒市、腾冲、麻栗坡	9311、IR64、明恢 63、绵优 725、两优 2186、宜优 673、滇屯 502、文稻 11、临籼 24	5～8	4～8	7～10	6～7	6～7
DISZ	籼	涛源、宾川、开远、个旧	9311、IR64、明恢 63、宜优 673、金优 527、云恢 290、滇屯 502、Y 两优 302、红优 4 号、明两优 829、丰优香占、超优千号	5～7	5～7	8～11	6～8	7～9

（续）

生态稻作亚区	品种类型	地点	品种	播种至移栽	移栽至倒3叶抽出	倒3叶抽出至孕穗	全生育期	本田生育期
IJSZ	籼	三川	天优华占、中优295、蜀优217、华香优1618、F优498、川优8377、绿优4923、中9优2号、渝优7109、渝香203等	7～8	5～7	9～11	6～7	6～7
	粳	隆阳、宜良	隆科16、云粳41、楚粳38、楚粳28、云粳19、云粳39	7～8	6～7	9～12	7～8	7～9
WJSZ	粳	陆良、麒麟、楚雄	云粳29、云粳30、楚粳28、云粳38、楚粳27	7～9	6～9	9～13	8～9	8～9
CJSZ	粳	永北	永粳2号、云粳38、凤稻23、凤稻29、丽粳11、丽粳14	10	7	9～13	8～9	7～8

三、积温对水稻主茎总叶片数的影响

由于同一品种在同一生态区域种植时，主茎的总叶片数较稳定，而叶片生长又在抽穗前完成，因此，用主茎的总叶片数来衡量抽穗前生育期的长短，用抽穗前的日均温和活动积温与主茎总叶片数进行相关性分析。结果表明，叶片数与抽穗前的活动积温和平均温度均呈显著的正相关，其中与抽穗前的活动积温相关性最高（表3-4）。叶片数与抽穗前的活动积温呈显著的正相关，水稻每生长1张叶片，所需的活动积温为220～260 ℃（图3-3）。

表3-4　抽穗期的日平均温度、活动积温与叶片数的相关系数

项目	2008年			2009年		
	活动积温	日均温	叶片数	活动积温	日均温	叶片数
活动积温	1.000 0			1.000 0		
日均温	0.909 2*	1.000 0		0.948 6**	1.000 0	
叶片总数	0.958 0**	0.938 6**	1.000 0	0.991 4**	0.968 8**	1.000 0

注：*和**分别表示相关性达到显著和极显著水平。

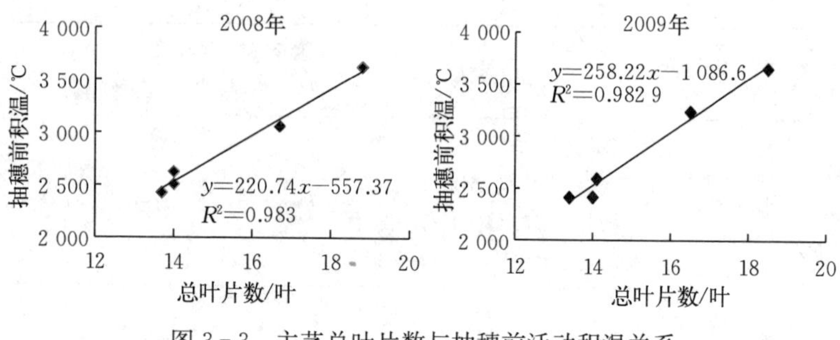

图 3-3　主茎总叶片数与抽穗前活动积温关系

四、海拔和纬度对水稻总叶片数的影响

随着海拔的升高，籼稻品种总叶片数略有增加，而粳稻略有减少（图 3-4）。海拔每上升 1 000 m，云恢 290 和滇屯 502 的总叶片数均增加 1 叶；云粳 29 总叶片数减少 1 叶，凤稻 19 和楚粳 28 的总叶片数变化不大。

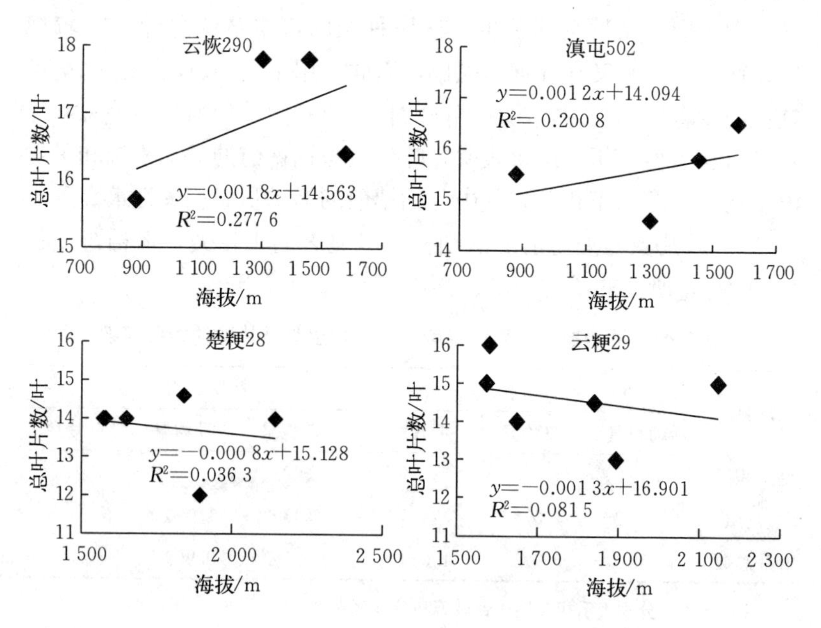

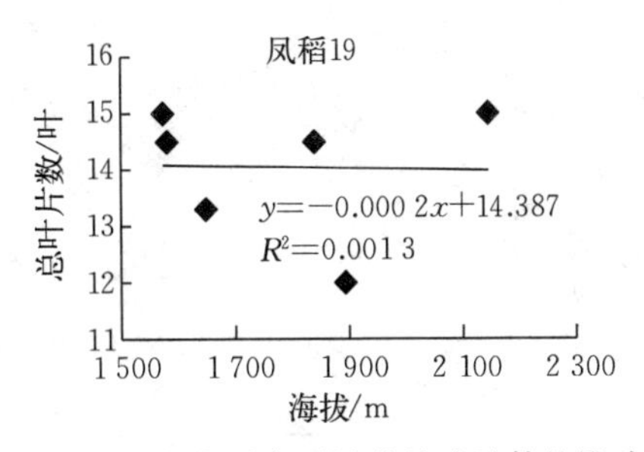

图 3-4　海拔对水稻品种总叶片数的影响

随着纬度的增加，籼稻品种和粳稻品种总叶片数均有增加的趋势。纬度每增加 1°，云恢 290 的总叶片数增加 0.55 叶，而滇屯 502 增加 0.15 叶，云粳 29 和凤稻 19 总叶片数增加 1.0 叶，而楚粳 28 增加 0.5 叶（图 3-5）。

同一水稻品种种植在同一地方主茎总叶片数是比较稳定的。在云南立体生态稻区，随着海拔升高，温度降低，水稻品种的叶片数减少。云南水稻生长 1 张叶片的活动积温基本在 220～260 ℃，通

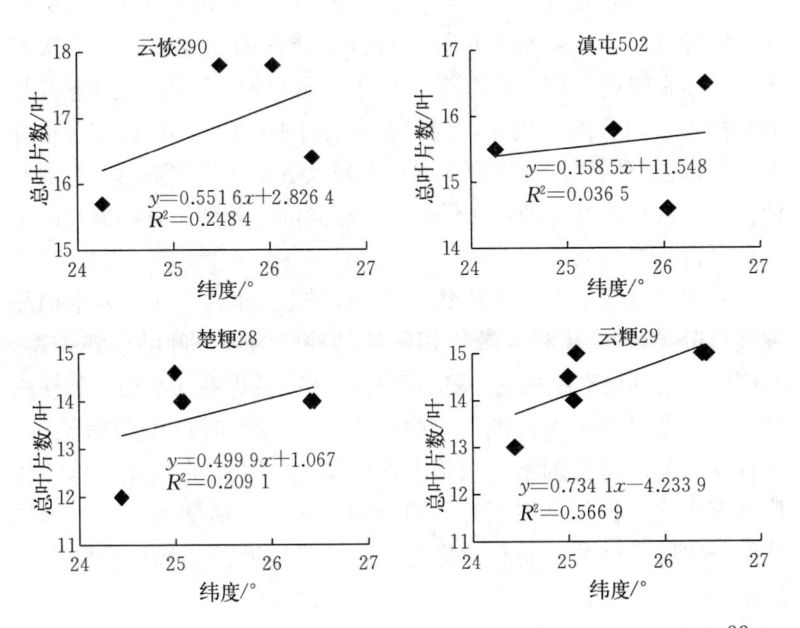

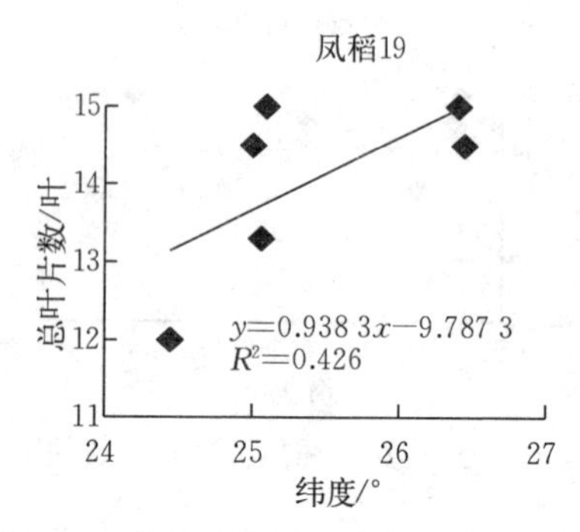

图 3-5　纬度对水稻品种总叶片数的影响

过计算籼稻区叶片生长时间应该在 7～8 d，粳稻区应该在 9～11 d，这与云南水稻叶片生长的实际非常接近。

第三节　同一地区水稻主茎总叶片数的稳定性

依据水稻出叶（心叶）与分蘖、发根、拔节和穗分化之间的同步、同伸规则，以叶龄为指标，对各部器官的建成和产量因素形成，可以在时序上作精确诊断。不同水稻品种生育期、主茎总叶片数和伸长节间数差异极大，同一品种在不同地区、不同栽培条件下，各部器官的生长和发育状况也有较大的变化。主茎总叶片数和伸长节间数相同的品种，在任何一个相同的叶龄期，各部器官的生长和发育基本相同。

因此，可按主茎总叶片数（N）和伸长节间数（n）将水稻品种进行分类，将 N 和 n 数均相同的品种归为同一叶龄模式类型，并用叶龄指标值对稻株的生育进程作出正确的诊断。水稻叶龄模式是以叶龄进程诊断生育进程，确定生长指标，制订生产措施的。尽管年际间的气候因素、栽培条件以及个体之间的差异，总叶片数会有变化，但从总体上看，同一地区、相同播期下，同一水稻品种一生的总叶片数是相对稳定的，这是以叶龄指导生产的可靠依据。

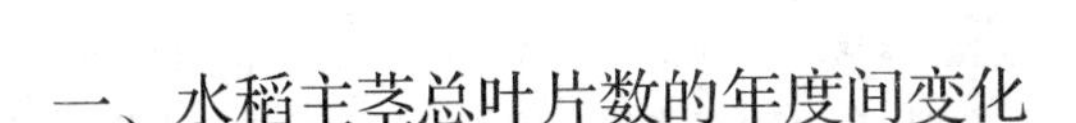

一、水稻主茎总叶片数的年度间变化

为了探索立体生态区不同年份间水稻品种主茎总叶片数的变化情况，2010—2018 年调查了云南不同生态亚区正常播期条件下水稻主茎总叶片数。结果显示同一地点不同品种间叶龄有较大差异，但同一品种在同一个地区正常播期条件下，主茎总叶龄年度之间相差仅为 0～1 叶，差异较小（表 3-5）。

表 3-5　水稻主茎总叶片数的年度间变化

生态稻作亚区	品种类型	地点	品种	连续 2 年以上主茎总叶片数/叶						年际总叶片变化数/叶
HISZ	籼	景洪	9311	16.2	17	16.4	16.3	16.1	17.1	0.1～1
		景洪	两优 2161	16.8	16.5					0.3
		景洪	广优 1186	15.5	16.1					0.6
DISZ	籼	涛源	9311	17.3	18.1	17.8	17.8			0～0.8
		期纳	9311	19.5	19.3					0.2
		涛源	IR64	19.2	19.0					0.2
		个旧	云恢 290	18.9	18.6	18.8	19.1	18.2		0.1～0.9
		个旧	滇屯 502	14.7	14.5					0.2
		个旧	超优 1000	16	16	16.1	16.5			0～0.5
		个旧	明两优 829	17	17	17	16.9			0～0.1
		个旧	红优 4 号	16	16					0
IJSZ	籼	蒲川	Y 两优 1 号	14	14					0
		蒲川	隆两优 1206	14	14					0
	粳	隆阳	隆科 16	14	14	14	15	15	14	0～1
WJSZ	粳	麒麟	楚粳 28	14	14	14	14	14.8	14.6	0～0.8
		麒麟	云粳 29	14.2	14.1					0.1
CJSZ	粳	永宁	丽粳 18	14	14	14				0

备注：湿热籼稻亚区在景洪种植的 9311 为 2010—2015 年数据，两优 2161 为 2016—2017 年数据，广优 1186 为 2016—2017 年数据；干热籼稻亚区在涛源种植的 9311 为 2010—2013 年数据，期纳种植的 9311 为 2014—2015 年数据，涛源种植的 IR64 为 2011—2012 年数据，个旧为 2015—2018 年数据；籼粳稻交错亚区在蒲川种植的籼稻

品种Y两优1号为2015—2016年数据，隆两优1206为2017—2018年数据，保山市隆阳区种植的粳稻品种隆科16为2011—2016年数据；温暖粳稻亚区在曲靖市麒麟区种植的楚粳28为2013—2018年数据，云粳29为2017—2018年数据；冷凉粳稻亚区在永宁种植的丽粳18为2016—2018年数据。

二、氮肥用量对水稻主茎总叶片数的影响

2013—2017年，在云南多个试验点进行的不同氮肥用量试验调查结果显示，随着氮肥用量的增加，不同处理间水稻主茎总叶片数差异较小。湿热籼稻亚区（景洪市）不同氮肥用量处理，水稻品种9311主茎总叶片数相差0～0.5叶（图3-6）。干热籼稻区（永胜县涛源镇）主茎总叶片数相差0～0.5叶，干热籼稻区（永胜县期纳镇）宜香725相差0～0.8叶，9311相差0.4～1叶。籼粳交错区（保山市隆阳区）隆科16主茎总叶片数相差0～0.6叶。温暖粳稻区（陆良县）主茎总叶片数相差0～0.3叶，温暖粳稻区（曲靖市麒麟区）楚粳28相差0～0.2叶，会粳17相差0～0.4叶。说明氮肥用量对水稻主茎总叶片数影响较小，影响差异在1叶之内。

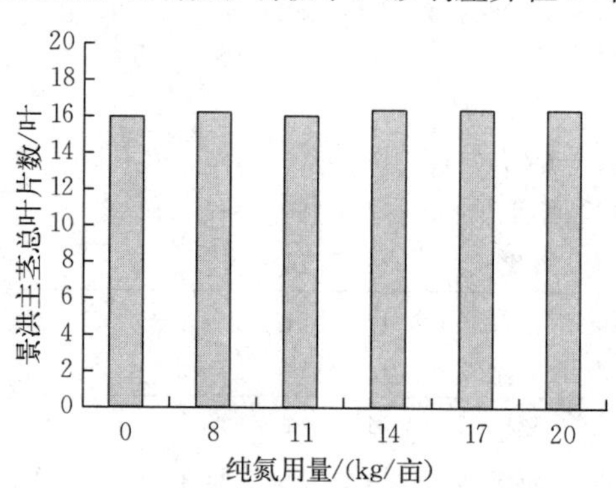

图3-6　氮肥用量对水稻主茎总叶片数的影响

三、播期对水稻主茎总叶片数的影响

水稻一生主茎总叶片数主要决定于品种的遗传特性，还与生育期长短有关；而生育期取决于品种的温光特性和播种期。同一水稻

品种播期不同，播种到抽穗的天数不同，主茎总叶片数不同。随播期推迟主茎总叶片数减少，中稻播期推迟 30 d 内，主茎总叶片数变化在 0～1 叶；播期推迟 40 d 以上，主茎总叶片数会减少 1 张叶片，而晚稻播期每推迟一周减少 1 张叶片。

在云南省籼稻区和粳稻区进行不同播期试验研究，结果表明，随着播期推迟，主茎总叶片数有减少的趋势，粳稻区（曲靖市麒麟区）当播期推迟 20 d 时，减少幅度最大的为 1 叶，其余处理差异均在 0～1 叶，平均为 0.5 叶；籼稻区（芒市）当播期推迟 15 d 左右时，减少幅度平均为 0.8 叶，当推迟 30 d 时，平均减少 1.4 叶（图 3-7）。总体来看，推迟播期对主茎总叶片数的影响籼稻大于粳稻。

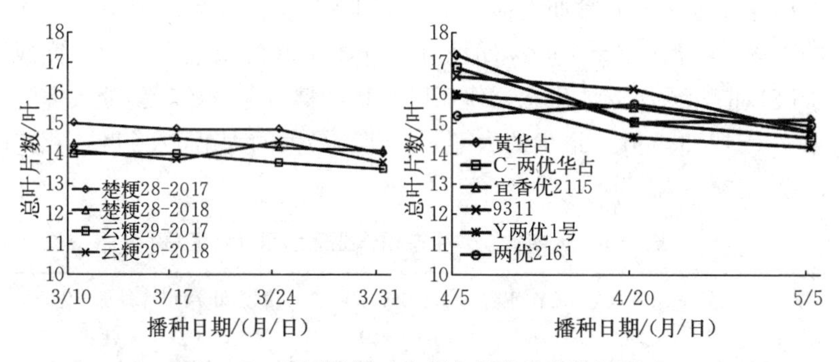

图 3-7　不同播期对水稻主茎总叶片数的影响

不同播期对粳稻主茎总叶片数的影响较小，对籼稻主茎总叶片数的影响较大，超过 1.0 叶，所以，在籼稻区要充分考虑播期对总叶片数的影响。

第四节　立体生态稻作亚区水稻的 3 个关键叶龄期变化规律

水稻一生分不同的生长发育阶段。在生产上，正确应用水稻叶龄模式，必须掌握水稻 3 个最关键的叶龄期：有效分蘖临界叶龄期、拔节叶龄期和穗分化叶龄期。有效分蘖临界叶龄期主要是有效分蘖与无效分蘖分界的叶龄期，在这张叶片长出之前发生的分蘖一般可以成穗，在这张叶片长出之后发生的分蘖成穗的概率较小。当品种伸长节间数≥5节时，有效分蘖临界叶龄期是主茎总叶数(N)－伸长节间数（n）叶龄，当主茎伸长节间数<5节时，有效分蘖临界叶龄期是主茎总叶数（N）－伸长节间数（n)＋1叶龄。云南立体生态稻作亚区水稻有效分蘖临界叶龄期差异较大，大多品种有效分蘖临界叶龄期为10～12叶，最少的为第8叶，最多的为第15叶，相差7叶，这体现了云南稻作生态区的复杂性（表3-6)。拔节叶龄期是水稻主茎基部第一节间开始伸长的叶龄期，按照叶龄模式的计算方法为N－n＋3叶龄或n－2的倒数叶龄。云南立体生态稻作亚区拔节叶龄期大多为13～15叶，最小的为第10叶，最多的为第17叶，相差7叶。幼穗分化开始于叶龄余数3.5叶，完成于破口前，云南立体生态稻作亚区水稻幼穗分化开始叶龄期大多为第10.5～13.5叶，最少的为第8.5叶，最大的为第17.5叶，相差9叶。

表3-6　云南省立体生态稻作亚区水稻叶龄汇总

生态稻作亚区	水稻类型	总叶片数(N)/叶	伸长节间数(n)/节	有效分蘖临界叶龄期（N－n)/叶	拔节叶龄期(N－n＋3)/叶	幼穗分化开始叶龄期/叶
HISZ	早稻	16～17	5	11～12	14～15	12.5～13.5
	中稻	16～17	5	11～12	14～15	12.5～13.5
	晚稻	13～14	4	10～11	12～13	9.5～10.5
DISZ	籼	16～21	5～7	11～14	14～17	12.5～17.5
IJSZ	籼	17～19	5～6	12～13	15～16	13.5～15.5
	粳	14～15	4～5	10～11	13	10.5～11.5
WJSZ	粳	12～14.5	4	8～10.5	10～12.5	8.5～10.5
CJSZ	粳	13～14	4	10～11	12～13	9.5～10.5

第五节　云南立体生态稻作亚区水稻叶龄模式

对云南不同生态亚区水稻主茎总叶片数与伸长节间数进行调查显示，随着海拔的升高，温度降低，水稻总叶片数减少。湿热籼稻亚区（HISZ）总叶片数为14～18叶，伸长节间数为5～6节；干热籼稻亚区（DISZ）总叶片数为16～21叶，伸长节间数5～7节；籼粳稻交错亚区（IJSZ）籼稻品种的总叶片数为17～19叶，伸长节间数均为6节；粳稻品种的总叶片数多为13～15叶，伸长节间数为4～5节，多为4节；温暖粳稻亚区（WJSZ）总叶片数为12～15叶，伸长节间为4节；冷凉粳稻亚区（CJSZ）品种的总叶片数为13～15叶，伸长节间为4节（表3-7）。

表3-7　云南省立体生态稻作亚区水稻总叶片数及伸长节间数

生态稻作亚区	品种类型	总叶片数/叶	伸长节间数/节
HISZ	籼	14～18	5～6
DISZ	籼	16～21	5～7
IJSZ	籼	17～19	6
	粳	13～15	4～5
WJSZ	粳	12～15	4
CJSZ	粳	13～15	4

自2006年以来，根据水稻叶龄模式原理，利用云南不同生态亚区水稻主栽品种的总叶片数和伸长节间数，建立了云南水稻叶龄模式图（图3-8）。通过在云南不同生态亚区应用水稻叶龄模式，以叶龄为指标，在生育进程上精确诊断，促进云南水稻精确定量栽培技术体系的创新与应用。

生态稻作亚区	节间（节）	叶龄（叶）																				生育期	生育期
HISZ	5					1	2	3	4	5	6	7	8	9	10	⑪	12	13	△14	15	16	孕	抽
	5				1	2	3	4	5	6	7	8	9	10	11	⑫	13	14	△15	16	17	孕	抽
	5			1	2	3	4	5	6	7	8	9	10	11	12	⑬	14	15	△16	17	18	孕	抽
DISZ	5					1	2	3	4	5	6	7	8	9	10	⑪	12	13	△14	15	16	孕	抽
	5				1	2	3	4	5	6	7	8	9	10	11	⑫	13	14	△15	16	17	孕	抽
	6			1	2	3	4	5	6	7	8	9	10	11	⑫	13	14	△15	16	17	18	孕	抽
	6		1	2	3	4	5	6	7	8	9	10	11	12	⑬	14	15	△16	17	18	19	孕	抽
	6	1	2	3	4	5	6	7	8	9	10	11	12	13	⑭	15	16	△17	18	19	20	孕	抽
IJSZ－I	6				1	2	3	4	5	6	7	8	9	10	⑪	12	13	△14	15	16	17	孕	抽
	6			1	2	3	4	5	6	7	8	9	10	11	⑫	13	14	△15	16	17	18	孕	抽
	6		1	2	3	4	5	6	7	8	9	10	11	12	⑬	14	15	△16	17	18	19	孕	抽
IJSZ－J	4								1	2	3	4	5	6	7	8	9	⑩	11	△12	13	孕	抽
	4							1	2	3	4	5	6	7	8	9	10	⑪	12	△13	14	孕	抽
	5						1	2	3	4	5	6	7	8	9	⑩	11	12	△13	14	15	孕	抽
WJSZ	4									1	2	3	4	5	6	7	8	⑨	10	△11	12	孕	抽
	4								1	2	3	4	5	6	7	8	9	⑩	11	△12	13	孕	抽
	4							1	2	3	4	5	6	7	8	9	10	⑪	12	△13	14	孕	抽
	4						1	2	3	4	5	6	7	8	9	10	⑪	12	13	△14	15	孕	抽
CJSZ	4								1	2	3	4	5	6	7	8	12	⑩	11	△12	13	孕	抽
	4							1	2	3	4	5	6	7	8	9	10	⑪	12	△13	14	孕	抽
	4						1	2	3	4	5	6	7	8	9	10	⑪	12	13	△14	15	孕	抽
说明	○群体有效分蘖临界叶龄期为第○/0 叶期 △拔节叶龄期，基部第一节间伸长																	穗轴分化期倒4叶后半期	枝梗分化期	颖花分化期	花粉形成及减数分裂期	花粉充实完成期	

图 3－8 云南立体生态稻作亚区的水稻叶龄模式

第六节　高产水稻群体叶色黑黄变化规律

在1958年全国水稻会议上，全国水稻高产劳模陈永康提出著名的单季晚粳稻“三黑三黄”高产栽培理念，围绕该节奏变化和产量形成的关系进行深入的科学研究，明确了科学管理肥水的技术原理和方法，创立了我国水稻栽培技术叶色黑黄变化理论。随着科技进步，凌启鸿等（2007）将该理论进行了叶龄模式化，明确了叶色黑黄变化的准确叶龄，并与顶3顶4叶叶色差结合起来，充实和丰富了水稻叶色黑黄变化的内容。高产水稻都有严格的“黑黄”变化叶龄期，并应用到水稻叶龄模式中，在水稻高产栽培中发挥了重要作用。

一、水稻叶色黑黄变化的叶龄期

在有效分蘖期（N－n以前），为促进分蘖，群体叶色必须显“黑”，反映在叶片间叶色的深度上是顶4叶深于顶3叶（顶4叶>顶3叶）。到了N－n（或N－n＋1）叶龄期够苗时，叶色应开始褪淡（顶4叶＝顶3叶），可使无效分蘖的发生受到遏制。

无效分蘖期至拔节期，即N－n＋1（或N－n＋2）叶龄期至N－n＋3叶龄期，为了有效控制无效分蘖和第一节间伸长，群体叶色必须“落黄”，顶4叶要淡于顶3叶（顶4叶<顶3叶），群体才能被有效控制，高峰苗少，通风透光条件好，碳素积累充足，为施氮肥攻大穗创造良好的条件。此期群体叶色若不能正常落黄，必然造成中期旺长，带来中后期生长一系列的不良后果。

长穗期，为了促进颖花分化攻取大穗，从倒4叶抽出开始直至抽穗，叶色必须回升至显“黑”，顶4叶叶色浓于顶3叶（顶4叶>顶3叶），齐穗期则顶4叶与顶3叶叶色相等（顶4叶＝顶3叶）。碳氮代谢协调平衡，有利于壮秆大穗的形成。此期叶色如不能回升，则穗小、穗少（部分有效分蘖因缺肥而死亡）。此期如叶色过深（顶4叶>顶3叶），仍会造成茎叶徒长，结实率低，病虫害严重。

抽穗后的25 d左右，下部叶片逐渐衰老，至成熟期，植株仍能保持1～2片绿叶。

二、水稻叶色黑黄变化的规律及调控途径

（一）合理施氮调控群体叶色黑黄变化的叶龄节奏规律

氮肥作用期一般发生于施肥后1～2个叶位。因此，为促进有效分蘖，又要控制无效分蘖的发生，分蘖肥的施用宜早，最迟必须在N－n－2叶龄期之前施用。如遇分蘖后期群体不足，可通过穗肥补救，不能在分蘖后期补肥。有效分蘖临界叶龄期（N－n或N－n＋1）够苗后叶色开始褪淡落黄，可按原设计的穗肥总量，分促花肥（倒4叶露尖）、保花肥（倒2叶露尖）2次施用。5个伸长节间的品种应提早在倒5叶露尖开始施穗肥，并于倒4叶、倒2叶分3次施用，氮肥数量比原计划增长10%左右，3次的比例为3∶4∶3。4个伸长节间的品种，遇此情况，可提前在倒4叶施用穗肥，倒2叶施保花肥；穗肥总量可增加5%～10%，促花、保花肥的比例以7∶3为宜。如N－n叶龄期以后顶4叶＞顶3叶，穗肥一定要推迟到群体叶色落黄后才能施用，且数量要减少。

（二）精确搁田调控群体叶色黑黄变化的叶龄节奏规律

控制无效分蘖的发生，必须在它发生前2个叶龄。在N－n－1叶龄期，当群体苗数达到预期穗数的80%左右时断水搁田。搁田应持续2个叶龄，以群体叶色“落黄”为主要指标，即顶4叶要淡于顶3叶（顶4叶＜顶3叶），同时也使N－n＋2叶龄无效分蘖被抑制。若前期分蘖过多，应在N－n－1叶龄期前多次晒田、适度重晒，控制无效分蘖的发生，群体叶色落黄，反之适度轻晒。

第四章　云南立体生态稻作亚区水稻高产群体质量指标

水稻高产群体具有优质的形态空间结构和生理功能，具有最大的光合生产积累能力。对群体光合积累和产量起决定作用的形态和生理指标称为群体指标，群体指标的优化形成了水稻群体质量指标体系。水稻产量由单位面积穗数、穗粒数、结实率和千粒重等因子构成，群体结构是产量构成因子形成的基础，高质量群体是水稻高产的前提，明确群体质量指标对建立高质量群体具有重要的指导意义。凌启鸿（2000）对作物群体质量进行了系统的研究，归纳了7项共性的群体质量指标：①灌浆结实期高光合积累量；②孕穗至抽穗达到最大适宜叶面积指数；③高颖花量；④高粒叶比；⑤高有效叶面积率和高效叶面积率；⑥高成穗率；⑦高根系活力。在水稻生产中，通过培育壮秧，定量合理基本苗，采用适宜的肥水管理，尽可能提高这7项指标，构建合理的群体，实现高产。

第一节　不同稻作亚区水稻高产群体的质量指标

一、不同稻作亚区水稻产量及其构成因素

高产是种植水稻永恒的主题，也是最主要、最重要的目标。本研究在云南不同生态亚区利用水稻精确定量栽培技术创造了高产典型，其平均产量为679.4～1 127.9 kg/亩（表4-1），由高到低的顺序依次是干热籼稻亚区（DISZ）＞籼粳稻交错亚区（籼稻）

(IJSZ－I)＞温暖粳稻亚区(WJSZ)＞籼粳稻交错亚区(粳稻)(IJSZ－J)＞湿热籼稻亚区(HISZ)＞冷凉粳稻亚区(CJSZ)，分别为每亩 1 127.9 kg、970.7 kg、891.7 kg、850.4 kg、757.6 kg、679.4 kg，其中干热籼稻亚区、温暖粳稻亚区还创造了世界(全国)高产典型。

从不同生态亚区的产量结构来看：随着海拔升高，有效穗呈增加的趋势，有效穗为 17.7 万～29.0 万穗/亩，其中冷凉粳稻亚区(CJSZ)＞温暖粳稻亚区(WJSZ)＞籼粳稻交错亚区(粳稻)(IJSZ－J)＞籼粳稻交错亚区(籼稻)(IJSZ－I)＞干热籼稻亚区(DISZ)＞湿热籼稻亚区(HISZ)，分别为每亩 29.0 万穗、28.0 万穗、26.9 万穗、20.4 万穗、19.8 万穗、17.7 万穗；穗粒数为 112.6～242.7 粒，由大到小的顺序依次是干热籼稻亚区(DISZ)＞籼粳稻交错亚区(籼稻)(IJSZ－I)＞湿热籼稻亚区(HISZ)＞温暖粳稻亚区(WJSZ)＞籼粳稻交错亚区(粳稻)(IJSZ－J)＞冷凉粳稻亚区(CJSZ)，穗粒数分别为 242.7 粒、180.5 粒、174.4 粒、155.1 粒、150.0 粒、112.6 粒；结实率为 81.9%～87.9%，由高到低的顺序依次是干热籼稻亚区(DISZ)＞籼粳稻交错亚区(粳稻)(IJSZ－J)＞籼粳稻交错亚区(籼稻)(IJSZ－I)＞温暖粳稻亚区(WJSZ)＞冷凉粳稻亚区(CJSZ)＞湿热籼稻亚区(HISZ)，分别为 87.9%、86.3%、86.1%、85.5%、84.6%、81.9%；籼稻的千粒重 30 g 左右，粳稻的千粒重 24 g 左右。

表 4－1　不同稻作亚区水稻产量及其构成因素

生态稻作亚区	品种类型	地点	品种	年份	面积/亩	有效穗/(万穗/亩)	穗粒数/粒	结实率/%	千粒重/g	产量/(kg/亩)
HISZ	籼	双江县	宜优 673	2013	102	17.8	180.1	85.2	30.1	782.3
	籼	勐海县	赣优明占	2015	105	17.9	180.9	82.2	30.5	802.7
	籼	麻栗坡县	宜优 673	2015	104	17.3	162.2	78.3	31.5	687.8
		平均				17.7	174.4	81.9	30.7	757.6

（续）

生态稻作亚区	品种类型	地点	品种	年份	面积/亩	有效穗/（万穗/亩）	穗粒数/粒	结实率/%	千粒重/g	产量/（kg/亩）
DISZ	籼	永胜县（涛源）	协优 107	2006	1.1	27.0	191.0	87.4	29.0	1 287.0
	籼	个旧市（大屯）	超优千号	2016	101	15.8	312.0	85.9	26.2	1 088.0
	籼	永胜县（期纳）	宜优 673	2011	110	16.5	225.2	90.3	30.1	1 008.6
		平均				19.8	242.7	87.9	28.4	1 127.9
IJSZ	籼	永胜县（三川）	宜优 673	2015	102	20.4	180.5	86.1	30.9	970.7
	粳	保山市隆阳区	隆科 16	2012	120	27.1	141.0	85.8	24.8	813.3
		宜良县	楚粳 28	2008	110	26.6	158.9	86.8	24.2	887.4
		粳稻平均				26.9	150.0	86.3	24.5	850.4
WJSZ	粳	楚雄市	楚粳 28	2015	108	28.7	163.0	83.5	24.1	933.3
	粳	江川区	云玉粳 8 号	2013	135	30.0	149.7	83.6	23.5	878.6
	粳	陆良县	云粳 30	2014	108	25.4	152.6	89.5	25.1	863.2
		平均				28.0	155.1	85.5	24.2	891.7
CJSZ	粳	永胜县（永北）	永粳 2 号	2011	100	31.7	131.0	79.5	25.5	840.0
	粳	永胜县（顺州）	凤稻 23	2016	112	29.1	104.1	88.1	25.1	661.6
	粳	宁蒗县（永宁）	丽粳 9 号	2018	108	26.1	102.7	86.3	23.5	536.5
		平均				29.0	112.6	84.6	24.7	679.4

二、不同稻作亚区高产水稻群体质量指标

从立体生态稻作亚区最高茎蘖数、成穗率和颖花量来看（表 4－2）：最高茎蘖数为 24.1 万～32.9 万苗/亩，由大到小的顺序依次是冷凉粳稻亚区（CJSZ）＞温暖粳稻亚区（WJSZ）＞籼粳稻交错亚区（粳稻）（IJSZ－J）＞干热籼稻亚区（DISZ）＞籼粳稻交错亚区（籼稻）（IJSZ－I）＞湿热籼稻亚区（HISZ），分别为每亩 32.9 万苗、32.7 万苗、31.2 万苗、28.1 万苗、24.4 万苗、24.1 万苗，籼稻区移栽基本苗较少，最高茎蘖数也相对较少，而冷凉粳稻亚区

(CJSZ) 移栽的基本苗较多，也是最高茎蘖数多的原因；成穗率为70.5%～87.9%，由高到低的顺序依次是冷凉粳稻亚区（CJSZ)＞籼粳稻交错亚区（粳稻）(IJSZ－J)＞温暖粳稻亚区（WJSZ)＞籼粳稻交错亚区（籼稻）(IJSZ－I)＞湿热籼稻亚区（HISZ)＞干热籼稻亚区（DISZ)，分别为87.9%、86.1%、85.7%、83.3%、73.6%、70.5%；颖花量为3 095.0万～4 800.2万朵/亩，由多到少的顺序是干热籼稻亚区（DISZ)＞温暖粳稻亚区（WJSZ)＞籼粳稻交错亚区（粳稻）(IJSZ－J)＞籼粳稻交错亚区（籼稻）(IJSZ－I)＞冷凉粳稻亚区（CJSZ)＞湿热籼稻亚区（HISZ)，分别为每亩4 800.2万朵、4 344.1万朵、4 030.7万朵、3 674.7万朵、3 260.1万朵、3 095.0万朵。

表4-2 不同稻作亚区高产水稻群体数量指标

生态稻作亚区	品种类型	地点	品种	最高茎蘖数/（万苗/亩）	有效穗/（万穗/亩）	成穗率/%	穗粒数/粒	颖花量/（万朵/亩）
HISZ	籼	双江县	宜优673	22.7	17.8	78.6	182.6	3 250.3
	籼	勐海县	赣优明占	23.7	17.9	75.3	180.9	3 231.1
	籼	麻栗坡	宜优673	25.9	17.3	66.8	162.2	2 810.1
	平均			24.1	17.7	73.6	175.2	3 095.0
DISZ	籼	永胜县（涛源）	协优107	36.1	27.0	74.8	191.0	5 157.0
	籼	个旧市（大屯）	超优千号	20.7	15.8	76.2	312.0	4 929.6
	籼	永胜县（期纳）	宜优673	27.3	16.5	60.6	225.2	3 722.1
	平均			28.1	19.8	70.5	242.7	4 800.2
IJSZ	籼	永胜县（三川）	宜优673	24.4	20.4	83.3	180.5	3 674.7
	粳	隆阳区	隆科16	32.0	27.1	84.8	141.0	3 825.8
		宜良县	楚粳28	30.5	26.6	87.4	158.9	4 231.0
	粳稻平均			31.2	26.9	86.1	149.9	4 030.7
WJSZ	粳	楚雄市	楚粳28	32.0	28.7	89.6	163.0	4 672.7
	粳	江川区	云玉粳8号	36.5	30.0	82.2	149.7	4 485.0
	粳	陆良县	云粳30	29.8	25.4	85.4	152.6	3 876.0
	平均			32.7	28.0	85.7	155.1	4 344.1

（续）

生态稻作亚区	品种类型	地点	品种	最高茎蘖数/（万苗/亩）	有效穗/（万穗/亩）	成穗率/%	穗粒数/粒	颖花量/（万朵/亩）
CJSZ	粳	永胜县（永北）	永粳2号	34.3	31.7	92.2	131.0	4 148.3
	粳	永胜县（顺州）	凤稻23	33.7	29.1	86.3	104.1	3 030.5
	粳	宁蒗县（永宁）	丽粳9号	30.6	26.1	85.2	102.7	2 678.2
		平均		32.9	29.0	87.9	112.6	3 260.1

从不同生态稻作亚区叶面积指数、粒叶比、叶长顺序来看（表4-3）：叶面积指数（LAI）为5.8～9.2，由大到小的顺序依次是干热籼稻亚区（DISZ）>籼粳稻交错亚区（粳稻）（IJSZ-J）>籼粳稻交错亚区（籼稻）（IJSZ-I）>温暖粳稻亚区（WJSZ）>湿热籼稻亚区（HISZ）>冷凉粳稻亚区（CJSZ），分别为9.2、8.1、8.0、7.5、7.4、5.8；高效叶面积率为55.4%～90.3%，由高到低的顺序依次是冷凉粳稻亚区（CJSZ）>温暖粳稻亚区（WJSZ）>籼粳稻交错亚区（粳稻）（IJSZ-J）>籼粳稻交错亚区（籼稻）（IJSZ-I）>干热籼稻亚区（DISZ）>湿热籼稻亚区（HISZ），分别为90.3%、81.5%、77.6%、70.7%、69.2%、55.4%；粒叶比为0.65～0.88粒/cm^2，由高到低的顺序依次是温暖粳稻亚区（WJSZ）>干热籼稻亚区（DISZ）>籼粳稻交错亚区（籼稻）（IJSZ-I）>冷凉粳稻亚区（CJSZ）>籼粳稻交错亚区（粳稻）（IJSZ-J）>湿热籼稻亚区（HISZ），分别为0.88、0.83、0.79、0.76、0.75、0.65粒/cm^2；不同生态亚区高产水稻的叶长序数均为2-3-1-4-5，或3-2-1-4-5，即倒2叶或倒3叶最长（或两叶等长），其次为剑叶、倒4叶、倒5叶。

表4-3　不同稻作亚区高产水稻齐穗期群体质量指标

生态稻作亚区	品种类型	地点	品种	LAI	高效叶面积率/%	粒叶比/（粒/cm^2）	叶长顺序
HISZ	籼	双江县	宜优673	7.5	56.3	0.65	
	籼	勐海县	赣优明占	7.9	59.7	0.71	
	籼	麻栗坡	宜优673	6.7	50.1	0.59	
		平均		7.4	55.4	0.65	

（续）

生态稻作亚区	品种类型	地点	品种	LAI	高效叶面积率/%	粒叶比/（粒/cm^2）	叶长顺序
DISZ	籼	永胜县（涛源）	协优 107	10.5	70.1	0.61	倒 2 叶>倒 3 叶>倒 1 叶>倒 4 叶>倒 5 叶，或倒 3 叶>倒 2 叶>倒 1 叶>倒 4 叶>倒 5 叶
	籼	个旧市（大屯）	超优千号	8.0	68.1	0.99	
	籼	永胜县（期纳）	宜优 673	9.1	69.4	0.88	
		平均		9.2	69.2	0.83	
IJSZ	籼	永胜县（三川）	宜优 673	8.0	70.7	0.79	
	粳	保山市隆阳区	隆科 16	8.1	78.2	0.70	
		宜良县	楚粳 28	8.1	77.1	0.79	
		粳稻平均		8.1	77.6	0.75	
WJSZ	粳	楚雄市	楚粳 28	7.8	81.0	0.91	
	粳	江川区	云玉粳 8 号	7.6	81.5	0.89	
	粳	陆良县	云粳 30	7.2	81.9	0.85	
		平均		7.5	81.5	0.88	
CJSZ	粳	永胜县（永北）	永粳 2 号	6.8	89.0	0.83	
	粳	永胜县（顺州）	凤稻 23	5.7	90.1	0.76	
	粳	宁蒗县（永宁）	丽粳 9 号	4.8	91.8	0.68	
		平均		5.8	90.3	0.76	

从立体生态稻作亚区不同生育时期干物质积累量来看：抽穗期干物质重为 741.4～1 125.5 kg/亩，由多到少的顺序依次是籼粳稻交错亚区（籼稻）（IJSZ－I）>干热籼稻亚区（DISZ）>温暖粳稻亚区（WJSZ）>籼粳稻交错亚区（粳稻）（IJSZ－J）>湿热籼稻亚区（HISZ）>冷凉粳稻亚区（CJSZ），分别为每亩 1 125.5 kg、1 116.2 kg、971.3 kg、902.1 kg、871.0 kg、741.4 kg。成熟期干物质重为1 055.0～2 007.5 kg/亩，由重到轻的顺序是干热籼稻亚区（DISZ）>籼粳稻交错亚区（籼稻）（IJSZ－I）>温暖粳稻亚区（WJSZ）>籼粳稻交错亚区（粳稻）（IJSZ－J）>湿热籼稻亚区（HISZ）>冷凉粳稻亚区（CJSZ），分别为每亩 2 007.5 kg、1 646.2 kg、1 489.5 kg、

1 363.3 kg、1 256.4 kg、1 055.0 kg；抽穗后干物质积累量为520.8～1 116.2 kg/亩，由重到轻的顺序是干热籼稻亚区（DISZ）>籼粳稻交错亚区（籼稻）（IJSZ－I）>温暖粳稻亚区（WJSZ）>籼粳稻交错亚区（粳稻）（IJSZ－J）>湿热籼稻亚区（HISZ>冷凉粳稻亚区（CJSZ），分别为每亩891.3 kg、520.8 kg、518.2 kg、461.2 kg、388.8 kg、313.6 kg（表4－4）。

从水稻生长发育过程来看，生育后期群体干物质积累是以抽穗期足量适宜干物质量为基础的，而抽穗期适宜的物质积累又是通过生育前中期系统的合理调控达到的；因此，需要优化群体物质生产积累动态，稳定前期生长量，合理增加中期高效光合生产量，大力增强后期物质生产积累能力。适当提高生育中期（拔节期至抽穗期）群体高效干物质积累量是进一步增加后期光合生产量的前提。

从栽培角度来看，生育前期群体生长的可调整性大。在进行高产或超高产栽培时，不仅要重视前期的精确定量化管理，更要注重生育中期的精确定量优化调控，而且这方面技术性更强。

表4－4　立体生态稻作亚区高产水稻不同生育时期干物质积累

单位：kg/亩

生态亚区	品种类型	地点	品种	抽穗期干物质重	成熟期干物质重	抽穗后干物质积累量
HISZ	籼	双江县	宜优673	907.6	1 296.6	389.0
	籼	勐海县	赣优明占	888.6	1 331.6	443.1
	籼	麻栗坡县	宜优673	816.8	1 141.0	324.2
		平均		871.0	1 256.4	388.8
DISZ	籼	永胜县（涛源）	协优107	1 229.9	2 240.1	1 010.1
	籼	个旧市（大屯）	超优千号	1 159.3	2 012.7	853.4
	籼	永胜县（期纳）	宜优673	959.4	1 769.7	810.3
		平均		1 116.2	2 007.5	891.3

（续）

生态亚区	品种类型	地点	品种	抽穗期干物质重	成熟期干物质重	抽穗后干物质积累量
IJSZ	籼	永胜县（三川）	宜优 673	1 125.5	1 646.2	520.8
	粳	保山市隆阳区	隆科 16	906.9	1 339.8	433.0
		宜良县	楚粳 28	897.3	1 386.7	489.4
		粳稻平均		902.1	1 363.3	461.2
WJSZ	粳	楚雄市	楚粳 28	1 008.3	1 540.8	532.6
	粳	玉溪市江川区	云玉粳 8 号	947.7	1 479.2	531.4
	粳	陆良县	云粳 30	957.8	1 448.3	490.6
		平均		971.3	1 489.5	518.2
CJSZ	粳	永胜县（永北）	永粳 2 号	926.2	1 332.3	406.1
	粳	永胜县（顺州）	凤稻 23	713.2	1 012.5	299.4
	粳	宁蒗县（永宁）	丽粳 9 号	584.8	820.2	235.4
		平均		741.4	1 055.0	313.6

研究立体生态稻作亚区水稻超高产或高产精确定量栽培技术，因地、因栽培方式及品种特性制定技术规范，集成群体生育量化指标见表 4－5。

表 4－5　不同稻作亚区高产群体生育量化指标

群体指标	HISZ	DISZ	IJSZ		WJSZ	CJSZ
	籼	籼	籼	粳	粳	粳
有效穗/(万穗/亩)	17	19	20	26	28	28
最高茎蘖数/(万苗/亩)	24	28	24	31	32	32
穗粒数/(粒/穗)	≥174	≥242	≥180	≥149	≥155	≥112
颖花量/($\times 10^4$ 朵/亩)	≥2 667	≥4 000	≥3 334	≥4 000	≥4 000	≥2 667
结实率/%	>81	>87	>86	>86	>85	>84
千粒重/g	30±	28±	30±	24±	24±	24±
叶面积指数（LAI）	≥7	≥9	≥8	≥8	≥7	≥5

（续）

群体指标	HISZ	DISZ	IJSZ		WJSZ	CJSZ
	籼	籼	籼	粳	粳	粳
高效叶面积率/%	55	69	70	77	81	90
粒叶比/（粒/cm²）	≥0.6	≥0.8	≥0.7	≥0.7	≥0.8	≥0.7
叶长顺序	倒2叶>倒3叶>倒1叶>倒4叶>倒5叶或倒3叶>倒2叶>倒1叶>倒4叶>倒5叶					
成穗率/%	>73	>70	>83	>86	>85	>87
抽穗期单茎绿叶数/叶	5～6	5～6	5～6	4～5	4～5	4～5
成熟期单茎绿叶数/叶	2～3	2～3	2～3	2～3	1～2	1～2
抽穗期干重/（kg/亩）	>870	>1 110	>1 125	>900	>970	>741
成熟期干重/（kg/亩）	>1 250	>2 007	>1 646	>1 362	>1 490	>1 055
抽穗后干物质积累量/（kg/亩）	>380	>890	>520	>460	>520	>310

湿热籼稻亚区（HISZ），最高茎蘖数24万苗/亩，有效穗17万穗/亩，成穗率>73%，叶面积指数≥7，高效叶面积率55%，抽穗期单茎绿叶数5～6叶，穗粒数≥174粒，颖花量≥2 667万朵/亩，结实率>81%，粒叶比≥0.6粒/cm²，成熟期单茎绿叶数2～3叶，抽穗后干物质积累量>380 kg/亩。

干热籼稻亚区（DISZ），最高茎蘖数28万苗/亩，有效穗19万穗/亩，成穗率>70%，叶面积指数≥9，高效叶面积率69%，抽穗期单茎绿叶数5～6叶，穗粒数≥242粒，颖花量≥4 000万朵/亩，结实率>87%，粒叶比≥0.8粒/cm²，成熟期单茎绿叶数2～3叶，抽穗后干物质积累量>890 kg/亩。

籼粳稻交错亚区（籼稻）（IJSZ-I），最高茎蘖数24万苗/亩，有效穗20万穗/亩，成穗率>83%，叶面积指数≥8，高效叶面积率70%，抽穗期单茎绿叶数5～6叶，穗粒数≥180粒，颖花量≥3 334万朵/m²，结实率>86%，粒叶比≥0.7粒/cm²，成熟期单茎绿叶数2～3叶，抽穗后干物质积累量>520 kg/亩。

籼粳稻交错亚区（粳稻）（IJSZ-J），最高茎蘖数31万苗/亩，

有效穗 26 万穗/亩，成穗率＞86%，叶面积指数≥8，高效叶面积率 77%，抽穗期单茎绿叶数 4～5 叶，穗粒数≥149 粒，颖花量≥4 000 万朵/亩，结实率＞86%，粒叶比≥0.7 粒/cm²，成熟期单茎绿叶数 2～3 叶，抽穗后干物质积累量＞460 kg/亩。

在温暖粳稻亚区（WJSZ），最高茎蘖数 32 万苗/亩，有效穗 28 万穗/亩，成穗率＞85%，叶面积指数≥7，高效叶面积率 81%，抽穗期单茎绿叶数 4～5 叶，穗粒数≥155 粒，颖花量≥4 000 万朵/亩，结实率＞85%，粒叶比≥0.8 粒/cm²，成熟期单茎绿叶数 1～2 叶，抽穗后干物质积累量＞520 kg/亩。

在冷凉粳稻亚区（CJSZ），最高茎蘖数 32 万苗/亩，有效穗 28 万穗/亩，成穗率＞87%，叶面积指数≥5，高效叶面积率 90%，抽穗期单茎绿叶数 4～5 叶，穗粒数≥112 粒，颖花量≥2 667 万朵/亩，结实率＞84%，粒叶比≥0.7 粒/cm²，成熟期单茎绿叶数 1～2 叶，抽穗后干物质积累量＞310 kg/亩。

从综合产量结构和主要群体指标来看，以适量群体穗数与较大穗型协调产出足够群体总颖花量，并保持正常结实率与粒重，就能获得不同稻作亚区的高产或超高产：在籼稻区，结实率相近，穗粒数多的千粒重小，穗粒数少的的千粒重大。群体总颖花量取决于单位面积穗数与每穗粒数的优化组合：籼稻主要依靠穗粒数增加提高颖花量，粳稻主要依靠有效穗增加提高颖花量，在籼粳稻交错亚区靠有效穗和穗粒数协调发展。

第二节　水稻高质量群体诊断指标

为了塑造高质量的水稻群体，必须通过合理的培育途径，使之符合从水稻移栽至成熟的不同时期群体动态诊断指标。

合理培育途径，是在保证获得适宜穗数前提下提高成穗率。各生态稻作亚区水稻高产群体的实践资料证明，在足穗的基础上，尽量减少无效分蘖发生，控制高峰苗数，提高茎蘖成穗率是全面提高群体质量的一项最直接、易掌握的综合性诊断指标。提高水稻茎蘖

成穗率，是提高高效叶面积率、粒叶比和总颖花量的重要措施。控制水稻无效分蘖必然同时控制基部低效叶片的生长，为提高上部高效叶面积率奠定坚实的基础。无效蘖和低效叶片被控制生长，改善了拔节至抽穗期的群体光照条件，有利于促进高效叶片的生长，促进大穗的形成、单位面积茎鞘重的增加和颖花根活量的提高。最终建立适当穗数的适宜叶面积指数，提高粒叶比，提高后期的光合生产力和产量。

各生态稻作亚区水稻品种不同，生育期、产量结构也不同。但水稻生育过程均为有效分蘖叶龄期、无效分蘖叶龄期、穗分化期和结实期这四个时期，研究不同生态稻作亚区主推品种在各生育期的高产群体生长指标，如茎蘖数、叶面积指数、干物质积累量、叶色“黑黄”变化等，在各生态稻作亚区都有其共性和普遍性。

一、有效分蘖期（移栽至有效分蘖临界叶龄期）

在合理基本苗的基础上，促进分蘖早生快发，群体茎蘖数达到预计穗数。湿热籼稻亚区（HISZ）、干热籼稻亚区（DISZ）、籼粳稻交错亚区（籼稻）（IJSZ－I）、籼粳稻交错亚区（粳稻）（IJSZ－J）、温暖粳稻亚区（WJSZ）、冷凉粳稻亚区（CJSZ）群体总茎蘖数达到预计穗数分别为每亩 17 万穗、19 万穗、20 万穗、26 万穗、28 万穗、28 万穗。群体叶色显黑，即顶 4 叶深于顶 3 叶（顶 4 叶＞顶 3 叶）。到有效分蘖临界叶龄期，群体叶色开始褪淡，顶 4 叶与顶 3 叶的叶色相同，有利于控制无效分蘖，提高成穗率。

二、无效分蘖期（有效分蘖临界叶龄期至拔节期）

该期最重要的诊断指标是群体叶色必须褪淡，称为“落黄”，整体看叶色呈淡黄色，详细看顶 3 叶、顶 4 叶叶色差，顶 4 叶叶色淡于顶 3 叶（顶 4 叶＜顶 3 叶），以降低氮素水平，使碳素代谢处于主导地位。控制无效分蘖发生和有效分蘖基部叶片的旺长，把拔节期最高茎蘖控制在适宜穗数范围内，使茎蘖成穗率提高到 70％

以上。湿热籼稻亚区（HISZ）、干热籼稻亚区（DISZ）、籼粳稻交错亚区（籼稻）（IJSZ-I）、籼粳稻交错亚区（粳稻）（IJSZ-J）、温暖粳稻亚区（WJSZ）、冷凉粳稻亚区（CJSZ）最高茎蘖数分别为每亩24万苗、28万苗、24万苗、31万苗、32万苗、32万苗，其成穗率分别大于73%、70%、83%、86%、85%、87%。籼稻、粳稻叶面积指数分别控制在4.0和3.0左右，为在抽穗期封行打好基础。粳稻的无效分蘖期较短，籼稻的无效分蘖期较长。若无效分蘖期不能正常“落黄”，则中期旺长，成穗率低，管理措施上要多次晒田，并重晒，如在多雨地区，晒田常需排水，在少雨地区，可通过计划灌水来实施。

三、穗分化期（拔节期至抽穗期）

此期诊断目标是：促进有效分蘖成穗，保证达到合理的穗数；促进大穗形成，增加总颖花量；促进上面三片叶和穗下节间的生长，获得适宜的叶面积指数；促进穗分化，为提高结实率和粒重提供生理保证。

形态诊断指标是：在倒4叶抽出时施用促花肥，倒3叶期群体叶色逐渐加深，顶4叶叶色深于顶3叶，促进幼穗枝梗分化，在倒2叶抽出时施用保花肥，剑叶生长时，顶4叶叶色深于顶3叶，促进颖花分化、花粉形成和减数分裂，确保大穗的形成；抽穗期水稻叶色退淡，顶4叶叶色同顶3叶叶色相近；水稻抽穗期单茎绿叶数为5个左右，叶长序数为倒2叶>倒3叶>倒1叶>倒4叶>倒5叶，或倒3叶>倒2叶>倒1叶>倒4叶>倒5叶；湿热籼稻亚区（HISZ）、干热籼稻亚区（DISZ）、籼粳稻交错亚区（籼稻）（IJSZ-I）、籼粳稻交错亚区（粳稻）（IJSZ-J）、温暖粳稻亚区（WJSZ）、冷凉粳稻亚区（CJSZ）抽穗期叶面积指数分别大于7、9、8、8、7、5，高效叶面积率分别为55%、69%、70%、77%、81%、90%，每亩总颖花量分别大于2 667万朵、4 000万朵、3 334万朵、4 000万朵、4 000万朵、2 667万朵，粒叶比分别大于0.6粒/cm^2、0.8粒/cm^2、0.7粒/cm^2、0.7粒/cm^2、0.8粒/cm^2、0.7粒/cm^2。

四、结实期（抽穗期至成熟期）

养根保叶，维持旺盛的群体光合功能，提高光合积累量。通过穗肥的后续作用，抽穗后 15～20 d 内，群体叶色继续保持“黑”，基部叶片不衰黄。试验研究表明，抽穗期及其以后顶 4 叶、顶 3 叶叶色相等，是稻体碳氮协调的反映，可以获得较高的结实率，此后，叶色逐步褪淡，至成熟期仍保持 2 片左右绿叶。湿热籼稻亚区（HISZ）、干热籼稻亚区（DISZ）、籼粳稻交错亚区（籼稻）（IJSZ－I）、籼粳稻交错亚区（粳稻）（IJSZ－J）、温暖粳稻亚区（WJSZ）、冷凉粳稻亚区（CJSZ）籼粳稻交错亚区籼粳稻交错亚区结实率分别大于 81％、87％、86％、86％、85％、84％，其抽穗后干物质积累每亩分别大于 385 kg、890 kg、520 kg、460 kg、518 kg、313 kg。

第五章 云南立体生态稻作亚区水稻基本苗定量技术

水稻高产群体的研究重点逐步从群体的数量转移到群体的质量上，并注意到后期的高产群体结构需要以前期的合理基本苗为起点，而前期的群体结构又必须以塑造后期的优良群体为着眼点。以往的研究发现，在单位面积穗数大致相同的条件下，分蘖成穗率与产量呈显著的正相关，并进一步明确了水稻生育中期大量的无效分蘖是影响个体正常发育，阻碍和限制后期群体光合作用的重要因素。因此，开展成穗率与光合效率关系的研究具有重要的理论和实践意义。

水稻产量是由单位面积有效穗数、每穗粒数、结实率和千粒重 4 个因子构成。有效穗数是水稻产量构成的关键因子之一，也是水稻栽培过程中可调控时间最长和变幅最大的因子。高产栽培应通过栽植密度和施氮结合科学调控，塑造丰产群体结构，首先形成适宜足额的有效穗，在此基础上，主攻大穗，形成适宜的群体颖花量，并协调结实率和千粒重，挖掘最大的产量潜力。Ramasamy 等（1997）研究认为，虽然通过增加穗数或穗粒数或两者同时增加均可以扩增群体颖花量，但由于两者的相互制约关系，增加其中一个因素不一定能够促使群体颖花量的增大，而在保证一定穗数的基础上，增加每穗粒数是扩大颖花量的有效途径；杨惠杰等（2000）认为超高产水稻产量构成在于足量穗数和大穗。总之，现代高产更高产的研究均倾向走稳穗促粒的技术模式。杨从党等（2012）研究表明，水稻定量促控栽培技术能明显增加颖花量，同时结实率和千粒重保持不变，这是该技术在云南立体生态稻作亚区普遍增产的主要原因。本研

究结果与前人研究结果相一致，在立体生态稻作亚区通过定量合理的基本苗、栽插规格，通过有效穗数和穗粒数的协同增加来获取更多的颖花量是水稻高产更高产的主要途径。

成穗率是有效穗数与最高茎蘖数的百分比，是衡量水稻群体质量的重要指标。凌启鸿等（1995）证明了成穗率与总颖花量、粒叶比、有效及高效叶面积率、单茎茎鞘重、比叶重等之间呈极显著的正相关关系，而与抽穗后叶面积衰减速率呈极显著的负相关。凌启鸿等（1995）曾从器官发生的相关性上分析推断了成穗率与群体质量指标的关系，指出提高成穗率是优化群体质量的途径。可通过确定合理基本苗、降低前期肥料用量、适当提早搁田和使用外源生长调节剂等途径来提高成穗率。苏祖芳等（1996）研究认为在有效分蘖临界叶龄期茎蘖数达到预计穗数，高峰苗期茎蘖数为有效穗数的1.1～1.2倍，可以确保茎蘖成穗率达到80％～90％。这样的茎蘖动态是合理的高产途径。本研究与前人的研究结果相一致，通过基本苗和基蘖肥的调节，可以构建水稻茎蘖成穗率超过90％的高产群体。

在水稻栽培学科中，增加有效穗是提高产量的一条主要途径。通过密植和重施基肥和分蘖肥促进分蘖的发生，提高了高峰苗，但是成熟期有效穗数增加的幅度并不大，增产的效果也不明显。这一途径增加穗数的同时会增加茎秆上的叶片，使得群体叶面积增大，而一个地区的最大适宜叶面积是由光照强度和株型共同决定，是有限度的。凌启鸿等（1995）提出在注重群体数量的同时，关注群体的质量，提出了“小壮高”的栽培途径。水稻分蘖成穗率随穗肥施用量的增加而提高，在较高的群体条件下，穗肥与分蘖成穗率具有较大的正相关性。

本文利用云南省独特的立体生态稻区，以精确定量栽培技术为基础，在均衡施氮的条件下，在不同的海拔范围设置了密度和移栽规格研究试验，旨在探索立体生态区水稻高产更高产的合理基本苗和移栽规格。

第一节　基本苗对产量及其构成因素的影响

2009—2010年，干热籼稻亚区（DISZ）、湿热籼稻亚区（HISZ）、籼粳稻交错亚区（IJSZ）、温暖粳稻亚区（WJSZ）、冷凉粳稻亚区（CJSZ）等5个生态稻作亚区，以当地主栽品种为材料，设置不同基本苗试验，其试验年份、地点、品种及主要农艺措施参数详见表5-1。试验设4个处理、分别记为：D_1、D_2、D_3、D_4。其中籼稻区D_1、D_3、D_4为每穴栽单苗、D_2为每穴栽双苗；粳稻区D_1、D_3、D_4为每穴栽双苗、D_2为每穴栽4苗（表5-2）。试验田选择肥力均匀一致，中等偏上的田块。每亩施有机肥1 t，全部作底肥；氮肥的用量根据不同生态亚区的实际情况与目标产量的高低而定；施用过磷酸钙50 kg/亩，全部作底肥，在移栽前施用；施硫酸钾10 kg/亩，基肥施用50%，促花肥施用50%。水浆管理按照水稻精确定量栽培技术的要求，采用干湿交替灌溉，及时防治病虫害。

表5-1　试验地点生态特性和品种基本特性

生态稻作亚区	试验点	年度	品种	总叶片数/叶	伸长节间数/节	氮肥量/(kg/亩)	基蘖肥∶穗肥
DISZ	宾川县	2010	金优725	17	6	21.0	5∶5
HISZ	芒市	2010	岗优827	16	5	14.5	5∶5
IJSZ	保山市隆阳区	2009	云粳21	14	4	16.0	5∶5
WJSZ	曲靖市麒麟区	2010	楚粳28	14	4	18.0	5∶5
CJSZ	永胜县永北镇	2009	凤稻19	14	4	17.9	5∶5

表5-2　试验处理设计

处理编号	株行距/cm	基本苗/(万苗/亩)	
		籼稻	粳稻
D_1	20.0×20.0	1.7	3.0
D_2	23.1×33.0	1.7	3.4

（续）

处理编号	株行距/cm	基本苗/（万苗/亩）	
		籼稻	粳稻
D_3	16.5×16.5	2.4	4.8
D_4	10.0×26.5	2.5	5.0

一、不同稻作亚区基本苗对水稻产量的影响

在云南5个生态亚区，采用基蘖肥与穗肥为5∶5的均衡施氮条件下，移栽密度和基本苗对水稻产量影响较大。除D_2（23.1 cm×33.0 cm，籼稻双苗、粳稻四苗）没有获得最高产外，其余3个处理在某一个稻作生态亚区获得一个最高产量，D_1在湿热籼稻亚区（HISZ）获得最高产，D_3在籼粳稻交错亚区（IJSZ）和冷凉粳稻亚区（CJSZ）获得最高产，D_4在干热籼稻亚区（DISZ）和温暖粳稻亚区（WJSZ）获得最高产（表5-3）。D_3处理在5个生态稻作亚区的水稻产量最高，其次是D_1，两者仅相差0.7 kg/亩，再次是D_4处理，最低的是D_2处理。单倍苗移栽的处理产量比双倍苗移栽的处理产量高。整体来看，籼稻高产的基本苗为1.5万～2.4万苗/亩，粳稻高产的基本苗为4.8万～5.0万苗/亩。移栽时，每穴栽插的苗数籼稻不宜超过2苗，粳稻不宜超过3苗。

表5-3　不同稻作亚区基本苗对水稻产量的影响

单位：kg/亩

生态亚区	D_1	D_2	D_3	D_4	平均
DISZ	869.3ab	861.3b	863.3b	884.7a	870.0
HISZ	717.3a	615.3b	687.3ab	697.3a	679.3
IJSZ	929.3a	833.3b	944.7a	944.0a	912.7
WJSZ	837.3a	819.3b	814.0b	853.3a	831.3
CJSZ	855.3b	693.3d	903.3a	784.7c	809.3
平均	842.0	764.7	842.7	832.7	

注：a、b、c、d代表同一生态区不同密度间显著性差异。下同。

二、不同稻作亚区基本苗对产量构成因素的影响

凌启鸿等（1995）研究认为：在获得适宜穗数的前提下，通过控制无效分蘖，提高分蘖成穗率，有利于大穗形成，协调穗数与大穗二者的关系。在适宜穗数范围内，成穗率越高，每穗粒数、群体总颖花量、结实率、千粒重均越高，使产量结构因素在高水平上达到协调统一，进一步提高产量。

（一）不同稻作亚区基本苗对有效穗数的影响

随着移栽基本苗的增加，有效穗数呈先增加后降低的趋势。在4个生态稻作亚区，D_3 处理的有效穗数最多，仅在湿热籼稻亚区（HISZ）D_4 处理的有效穗数超过了 D_1 处理（表5－4）。从不同生态稻作亚区水稻有效穗数的差异来看，HISZ最少，其次是DISZ，CJSZ最多。从基本苗来看，籼稻种植2.4万～2.5万苗/亩、粳稻种植4.8万苗/亩的有效穗数最多。比较每穴双倍苗与单倍苗的种植方式，D_2 处理采用双倍苗移栽，其有效穗数最少，少于基本苗更少的 D_1 处理，单倍苗比双倍苗的处理更有利于提高水稻有效穗数。

表5－4　不同稻作亚区基本苗对有效穗的影响

单位：万穗/亩

生态亚区	D_1	D_2	D_3	D_4	平均
DISZ	17.9b	17.5b	19.8a	17.7b	18.2
HISZ	13.0c	11.2 d	16.9b	19.3a	15.1
IJSZ	27.1c	23.4 d	31.8a	29.7b	28.0
WJSZ	26.3b	23.5c	29.9a	28.1ab	27.0
CJSZ	29.2b	24.6c	32.2a	30.1ab	29.0
平均	22.7	20.0	26.1	25.0	

（二）不同稻作亚区基本苗对穗粒数的影响

随着移栽基本苗的增加，每穗粒数有减少的趋势，在湿热籼稻

亚区（HISZ），D_2 的穗粒数最多，在干热籼稻亚区（DISZ）、籼粳稻交错亚区（IJSZ）和冷凉粳稻亚区（CJSZ），D_1 处理的穗粒数最多，在温暖粳稻亚区（WJSZ），D_4 处理的穗粒数最多（表 5-5）。籼稻品种的穗粒数明显多于粳稻品种。

表 5-5 不同稻作亚区基本苗对穗粒数的影响

单位：粒/穗

生态亚区	D_1	D_2	D_3	D_4	平均
DISZ	234.3a	228.8a	221.4a	230.8a	228.8
HISZ	224.5a	234.8a	177.8b	168.3b	201.4
IJSZ	131.9a	128.6ab	116.7b	122.9ab	125.0
WJSZ	139.0c	149.0b	116.0 d	160.0a	141.0
CJSZ	129.2a	123.9ab	119.6b	118.0b	122.7
平均	171.8	173.0	150.3	160.0	

（三）不同稻作亚区基本苗对颖花量的影响

随着移栽基本苗的增加，5 个生态稻作亚区的颖花量呈增加的趋势。在 5 个生态稻作亚区颖花量最多的出现在 D_4，其次是 D_3 和 D_1 两个处理，最少的是 D_2 处理。从生态稻作亚区颖花量多少来看，干热籼稻亚区（DISZ）＞温暖粳稻亚区（WJSZ）＞冷凉粳稻亚区（CJSZ）＞籼粳稻交错亚区（IJSZ）＞湿热籼稻亚区（HISZ）；在干热籼稻亚区（DISZ）、籼粳稻交错亚区（IJSZ）和冷凉粳稻亚区（CJSZ）D_3 处理的颖花量最多，而在湿热籼稻亚区（HISZ）和温暖粳稻亚区（WJSZ）D_4 处理颖花量最多（表 5-6）。双倍苗移栽（D_2）不利于颖花量的提高。

表 5-6 不同稻作亚区基本苗对颖花量的影响

单位：万朵/亩

生态亚区	D_1	D_2	D_3	D_4	平均
DISZ	4 200.2ab	4 000.2b	4 400.2a	4 066.9ab	4 200.2
HISZ	2 933.5ab	2 666.8b	3 000.2ab	3 266.8a	3 000.2

（续）

生态亚区	D_1	D_2	D_3	D_4	平均
IJSZ	3 600.2a	3 000.2b	3 733.5a	3 666.9a	3 533.5
WJSZ	3 666.9b	3 533.5b	3 466.8b	4 466.9a	3 800.2
CJSZ	3 800.2a	3 066.8b	3 866.9a	3 533.5ab	3 600.2
平均	3 600.2	3 266.8	3 666.9	3 800.2	

（四）不同稻作亚区基本苗对实粒数的影响

随着移栽基本苗的增加，5 个生态稻作亚区的每穗实粒数呈先增后降的趋势。在 5 个生态稻作亚区穗实粒数最多的出现在 D_2，其次是 D_1 处理，再次是 D_4 处理，最少的是 D_3 处理（表 5－7）。从生态稻作亚区每穗实粒数多少来看，干热籼稻亚区（DISZ）＞湿热籼稻亚区（HISZ）＞温暖粳稻亚区（WJSZ）＞籼粳稻交错亚区（IJSZ）＞冷凉粳稻亚区（CJSZ）；在两个籼稻亚区 D_2 处理的穗实粒数最多，而在籼粳稻交错亚区（IJSZ）和冷凉粳稻亚区（CJSZ）D_1 处理的穗实粒数最多，而温暖粳稻亚区（WJSZ）D_4 处理的穗实粒数最多。双倍苗移栽（D_2）由于有效穗数较少，每穗实粒数相对增加。

表 5－7　不同稻作亚区基本苗对实粒数的影响

单位：粒/穗

生态亚区	D_1	D_2	D_3	D_4	平均
DISZ	180.8ab	183.6a	177.6b	182.7a	181.2
HISZ	189.2a	194.0a	146.5c	127.1 d	164.2
IJSZ	128.6a	124.7ab	113.7c	119.5bc	121.6
WJSZ	128.0c	135.0bc	107.0 d	142.0b	128.0
CJSZ	116.8a	111.5ab	109.5ab	102.4b	110.1
平均	148.7	149.8	130.9	134.7	

（五）不同稻作亚区基本苗对结实率的影响

随着移栽基本苗的增加，5 个生态稻作亚区水稻结实率基本维持不变，只有 D_4 处理结实率略有下降。在 5 个生态稻作亚区结实率最高的处理是 D_3，其次 D_1 处理，再次是 D_2 处理，最少的是 D_4 处理（表 5－8）。从生态稻作亚区水稻结实率高低来看，籼粳稻交错亚区（IJSZ）＞温暖粳稻亚区（WJSZ）＞冷凉粳稻亚区（CJSZ）＞湿热籼稻亚区（HISZ）＞干热籼稻亚区（DISZ）；在干热籼稻亚区（DISZ）、温暖粳稻亚区（WJSZ）和冷凉粳稻亚区（CJSZ）D_3 处理的结实率最高，在湿热籼稻亚区（HISZ）和籼粳稻交错亚区（IJSZ）D_1 处理的结实率最高。单双倍苗移栽对水稻结实率影响不大。

表 5－8　不同稻作亚区基本苗对结实率的影响

单位：％

生态亚区	D_1	D_2	D_3	D_4	平均
DISZ	77.2b	80.2a	80.2a	79.2ab	79.2
HISZ	84.3a	82.6ab	82.4ab	75.5b	81.2
IJSZ	97.5a	97.0a	97.4a	97.2a	97.3
WJSZ	91.9a	90.5ab	92.5a	88.9b	91.0
CJSZ	90.4ab	90.0ab	91.6a	86.8b	89.7
平均	88.3	88.1	88.8	85.5	

（六）不同稻作亚区基本苗对千粒重的影响

随着移栽基本苗的增加，5 个生态稻作亚区水稻千粒重呈降低的趋势，但差异不明显，仅为 0.2 g。在 5 个生态稻作亚区结实率最高的处理是 D_1，其次 D_3 和 D_4 处理，最少的是 D_2 处理（表 5－9）。从生态稻作亚区水稻千粒重高低来看，干热籼稻亚区（DISZ）＞湿热籼稻亚区（HISZ）＞温暖粳稻亚区（WJSZ）＞籼粳稻交错亚区（IJSZ）＞冷凉粳稻亚区（CJSZ）；在籼稻区 D_1 处理的千粒重最重，在粳稻区 D_3 处理的千粒重最重。

表 5-9　不同稻作亚区基本苗对千粒重的影响

单位：g

生态亚区	D_1	D_2	D_3	D_4	平均
DISZ	29.8a	28.8ab	28.8ab	28.6b	29.0
HISZ	29.1a	28.3ab	27.8b	28.5ab	28.4
IJSZ	25.4a	26.3a	26.3a	26.3a	26.1
WJSZ	25.9b	25.9b	26.6a	26.2ab	26.2
CJSZ	25.1a	25.3a	25.6a	25.5a	25.4
平均	27.1	26.9	27.0	27.0	

三、不同稻作亚区基本苗对水稻群体数量和质量的影响

（一）不同稻作亚区基本苗对最高茎蘖数的影响

随着移栽基本苗的增加，5 个生态稻作亚区水稻群体的最高茎蘖数呈增加的趋势。在 5 个生态稻作亚区水稻最高茎蘖数最多的是 D_4 处理，其次是 D_3，再次是 D_1 处理，最少的是 D_2 处理。从生态稻作亚区最高茎蘖数多少来看，冷凉粳稻亚区（CJSZ）＞籼粳稻交错亚区（IJSZ）＞温暖粳稻亚区（WJSZ）＞干热籼稻亚区（DISZ）＞湿热籼稻亚区（HISZ）；在干热籼稻亚区（DISZ）D_1 处理的最高茎蘖数最多，冷凉粳稻亚区（CJSZ）和湿热籼稻亚区（HISZ）D_4 处理的最高茎蘖数最多，籼粳稻交错亚区（IJSZ）和温暖粳稻亚区（WJSZ）D_3 处理的最高茎蘖数最多（表 5-10）。双倍苗移栽（D_2）不利于最高茎蘖数的提高。

表 5-10　不同稻作亚区基本苗对最高茎蘖数的影响

单位：万苗/亩

生态亚区	D_1	D_2	D_3	D_4	平均
DISZ	32.2a	25.8b	31.3ab	31.8 ab	30.3
HISZ	26.9c	18.7d	29.4b	35.5a	27.6

（续）

生态亚区	D_1	D_2	D_3	D_4	平均
IJSZ	28.6b	25.4c	35.7a	34.6a	31.1
WJSZ	28.5bc	27.2c	33.1a	32.5ab	30.3
CJSZ	35.5ab	33.5c	35.5ab	37.1a	35.4
平均	30.3	26.1	33.0	34.3	

（二）不同稻作亚区基本苗对茎蘖成穗率的影响

随着移栽基本苗的增加，5个生态稻作亚区水稻群体的茎蘖成穗率呈先增加后降低的趋势。在5个生态稻作亚区水稻茎蘖成穗率最高的是D_3处理，其次是D_2，再次是D_1处理，最少的是D_4处理。从生态稻作亚区水稻茎蘖成穗率高低来看，籼粳稻交错亚区（IJSZ）＞温暖粳稻亚区（WJSZ）＞冷凉粳稻亚区（CJSZ）＞干热籼稻亚区（DISZ）＞湿热籼稻亚区（HISZ）；在籼稻区D_2处理的成穗率最高，籼粳稻交错亚区（IJSZ）和温暖粳稻亚区（WJSZ）D_1处理的成穗率最高，冷凉粳稻亚区（CJSZ）D_3处理的成穗率最高（表5-11）。单双倍苗移栽对成穗率没有影响。

综合分析最高茎蘖数和成穗率的关系，基本苗栽插较多的处理，最高茎蘖数较高，但其成穗率较低。因此，在水稻生长过程中应精确定量基本苗，促进有效分蘖的发生，控制无效分蘖的发生，降低最高茎蘖数，提高水稻成穗率，提高群体质量。

表5-11　不同稻作亚区基本苗对茎蘖成穗率的影响

单位：%

生态亚区	D_1	D_2	D_3	D_4	平均
DISZ	55.7b	67.8ab	63.3ab	55.8b	60.7
HISZ	48.5c	60.0a	57.5ab	54.3bc	55.1
IJSZ	94.9a	92.1ab	89.1ab	85.8b	90.5
WJSZ	92.4a	86.5b	90.4ab	86.4b	88.9
CJSZ	82.2b	73.4c	90.8a	81.0b	81.9
平均	74.7	76.0	78.2	72.7	

第二节　利用水稻精确定量基本苗公式验证合理基本苗

基本苗是水稻有效穗数形成的基础，也是水稻群体发展的起点。基本苗过多，分蘖发生较快，群体数量过大，导致高峰苗较多，很大一部分分蘖会消亡，甚至部分有效分蘖也由于缺乏光照而消亡。基本苗过少，整个水稻生长期间分蘖数较少，高峰苗也较少，水稻群体数量不足，导致有效穗数不足。合理基本苗是在水稻有效分蘖临界叶龄期茎蘖数达到预计穗数，而无效分蘖期分蘖发生数较少，高峰苗不多，在分蘖消亡过程中分蘖消亡数较少，成穗率较高，成熟期有效穗数较多。凌启鸿等（1995）研究认为：在适播培育叶蘖同伸壮秧基础上，确定合理基本苗，这是合理群体的起点；并提出适当降低前期肥料用量，基蘖肥的主要作用是保证水稻在有效分蘖叶龄期内产生适宜茎蘖数。根据秧龄的大、中、小，分别确定了基蘖肥与穗肥的比例。丁艳锋等（2004）研究认为：适宜的氮素基、蘖肥用量是优化群体质量获得高产的关键。合理基本苗是构建水稻高质量群体的基础。在水稻精确定量栽培技术中合理基本苗的精确定量是通过高产水稻的适宜穗数除以单株成穗数进行计算的。本节利用密度试验中各生态亚区获得最高产量处理的有效穗数进行合理基本苗的验证。

通过计算干热籼稻亚区（DISZ）理论基本苗为 2.46 万苗/亩，密度试验中实际栽插 2.5 万苗/亩；湿热籼稻亚区（HISZ）理论基本苗为 1.65 万苗/亩，密度试验中实际栽插 1.5 万苗/亩；籼粳稻交错亚区（IJSZ）理论基本苗为 4.75 万苗/亩，密度试验中实际栽插 4.8 万苗/亩；温暖粳稻亚区（WJSZ）理论基本苗为 4.93 万苗/亩，密度试验中实际栽插 5.0 万苗/亩；冷凉粳稻亚区（CJSZ）理论基本苗为 4.81 万苗/亩，密度试验中实际栽插 4.8 万苗/亩（表 5－12）。总体来看，各生态稻作亚区基本苗理论值与实际栽插值有一定的差异，但是差异在 0.23%～3.44%，差异不大。证实了水稻精确定量栽培技术基本苗计算公式可以应用于云南省不同生态稻

作亚区，计算结果合理可行。

表 5-12　不同稻作亚区高产处理基本苗理论值与实栽值比较

生态稻作亚区	品种	有效穗数/(万穗/亩)	总叶片数/叶	伸长节间数/节	移栽时叶龄/叶	有效分蘖临界叶龄期/叶	有效分蘖叶位/叶	秧苗分蘖数/个	有效分蘖数/个	理论苗数/(万苗/亩)	实栽苗数/(万苗/亩)
DISZ	金优 725	17.7	17	6	5.5	11	4.5	2	7.2	2.46	2.5
HISZ	岗优 827	13.0	16	5	5.0	11	5.0	1	7.9	1.65	1.5
IJSZ	云粳 21	31.8	14	4	5.5	11	4.5	1	6.7	4.75	4.8
WJSZ	楚粳 28	28.1	14	4	5.8	11	4.2	1	5.7	4.93	5.0
CJSZ	凤稻 19	32.2	14	4	5.5	11	4.5	1	6.7	4.81	4.8

在云南立体生态稻作亚区，由于移栽秧苗在 5 叶 1 心左右，在适宜穗数和分蘖成穗计算定量基本苗的基础上，采用基蘖肥与穗肥为 5∶5 的比例，有利于控制无效分蘖的发生，提高分蘖成穗率，获得较多的有效穗数，达到高产的目的。

综合分析产量及其构成因素，在干热籼稻亚区（DISZ），由于单位面积的颖花量较多（4 000 万朵/亩以上），因此颖花量不再是限制高产的主要因子，产量主要受结实率的影响。在湿热籼稻亚区（HISZ）通过适当降低基本苗，控制水稻群体数量；适当降低有效穗数和穗粒数，控制颖花量；通过提高结实率来获得高产。无论是籼粳交错亚区（IJSZ）、温暖粳稻亚区（WJSZ），还是冷凉粳稻亚区（CJSZ）的粳稻品种，其高产的途径都是通过增加基本苗，提高有效分蘖，获得更多的有效穗数，并保证穗粒数不降低；这些稻区要通过增加单位面积的有效穗数，获得更多的颖花量，从而实现高产。

由于籼稻品种穗大粒多，获得高产所需的有效穗数较少，并且籼稻品种的总叶片数较多，伸长节间数较多，有效分蘖临界叶龄期多在第 11～12 叶，部分品种到第 13 叶，比粳稻品种的有效分蘖叶位多 2 张叶片，籼稻高产所需的基本苗较少；相反，粳稻品种获得高产所需的基本苗数较多。在云南不同生态亚区，水稻高产的基本苗不同，对于籼稻品种基本苗应控制在1.5万～2.4万苗/亩的范围内，而粳稻品种的基本苗应控制在4.8万～5.0万苗/亩的范围内。在基本苗定量的前提下，应尽可能减少每穴栽插的苗数，籼稻适宜单苗或双苗移栽，粳稻适宜双苗或3苗移栽。

第六章　云南立体生态稻作亚区水稻精确定量施肥技术

第一节　氮磷钾对水稻的生理作用

据统计，1949—2003 年中国粮食产量增加近 3.2 倍，粮食产量增长的 30%～50%来自肥料投入的增加，28%来自灌溉，7%来自品种改良。施用化肥是提高作物产量的重要手段，其中氮、磷、钾是水稻正常生长必不可少的 3 大营养元素，也是水稻生长过程中施用量较大的 3 种肥料。

一、氮对水稻的生理作用

氮素是水稻生长发育过程中最重要的营养元素，对水稻产量形成起着决定性的作用。在一定范围内，水稻产量随着氮肥用量的增加而增加；但当氮肥用量达到一定程度时，再增施氮肥产量不仅无明显提高，并且有可能降低。过多的氮肥会造成水稻减产，甚至绝收（颗粒无收）。氮素供应适宜时根系生长快，根数增多，但施用过量反而抑制稻根生长。氮素能明显促进茎叶生长和分蘖原基的发育，所以植株体内氮素含量越高，叶面积增长越快，分蘖数越多。氮素还与颖花分化及退化有密切关系，一般适量施用氮素能提高光合作用，形成较多的同化产物，促进颖花的分化并使颖壳体积加大，从而增加颖果的内容量提高谷重。缺氮症状通常表现为叶色失绿、变黄，一般先从下部叶片开始。缺氮会阻碍叶绿素和蛋白质合成，从而减弱光合作用，限制干物质生产。严重缺氮时细胞分化停止，多表现为叶片短小，植株瘦弱，分蘖能力下降，根系机能减

弱。氮素过多时叶片拉长下披，叶色浓绿，茎徒长，无效分蘖增加，植株过度繁茂，致使透光不良，结实率下降，成熟延迟，加重后期倒伏和病虫害的发生。

二、磷对水稻的生理作用

磷也是水稻生长发育过程中主要的必需营养元素之一。磷是水稻体内多种重要有机化合物的成分，又通过各种方式参与植株的各种代谢过程，水稻对磷的吸收利用效率及转运效率在不同生育阶段、不同基因型中起的作用各不相同，呈现出阶段性差异。拔节至抽穗期的总吸磷量对水稻产量的影响最大，其次是抽穗至成熟期，再次是有效分蘖期，无效分蘖期的总吸磷量对水稻产量的影响最小。磷素供应充足，水稻根系生长良好，分蘖增加，代谢作用旺盛，抗逆性增强，并有促进水稻早熟和提高产量的作用。磷参与能量的代谢，存在于生理活性高的部位，因此磷在细胞分裂和分生组织的发育上是不可缺少的，在幼苗期和分蘖期更为重要。水稻缺磷植株往往呈暗绿色，叶片窄而直立，下部叶片枯死，分蘖减少，根系发育不良，生育停滞，常导致稻缩苗、红苗等现象发生，生育期推迟，严重影响产量。

三、钾对水稻的生理作用

钾是水稻必须的大量元素之一，对水稻的生长代谢、渗透调节和酶活性调节起着非常重要的作用。钾能提高光合作用效率和增加植株碳水化合物含量，并能使细胞壁变厚，从而增强植株抗病抗倒伏的能力。缺钾时根系发育停滞，容易发生根腐病，叶色浓绿程度与施氮过多时相似，但叶片比较短。严重缺钾时，首先在叶片尖端产生黄褐色斑点，逐渐扩展至全叶，茎部变软，株高生长受到抑制。钾在植物体内移动性大，能从老叶向新叶转移，缺钾症先从下部叶片出现。钾不足时淀粉、纤维素、碳水化合物合成减少，增施钾肥后大多可以得到改善。

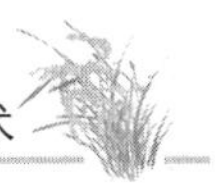

四、氮磷钾元素在水稻生长过程中的协同作用

氮、磷、钾之间需要有一个适当的比例才能协调生长。氮、磷、钾中任何一种元素不足都将导致作物生长发育异常和产量降低。水稻对氮、磷、钾的利用也有其生物特性，因此如何使磷、钾肥与氮肥协调平衡是水稻取得高产的重要因素。研究表明，在水氮互作条件下，各生育期水稻的磷素积累量均随着施氮量的增加而增加，各营养器官磷素向穗部转运量增加，转运率提高，当每亩氮肥施用量超过 18 kg 时，茎鞘及叶片中的磷转运量无显著提高，穗部磷含量也无明显增加，甚至还有所降低。把钾肥单独用作穗肥施用时无增产效果，但配合氮、磷肥施用有显著的增产作用。本项目组在云南 4 个生态稻作亚区 17 个试点进行了氮磷钾肥增效试验，每个试点采用当地的最佳施肥量，设置空白、磷钾肥和氮磷钾肥 3 个处理，试验结果表明：在云南 4 个生态稻作亚区只施磷钾肥的处理有 10 个试点稻谷产量超过空白处理，有 7 个试点的稻谷产量低于空白处理，湿热籼稻亚区（HISZ）磷钾肥的增产效果最明显，为 3.5%，干热籼稻亚区（DISZ）增效最小，仅为 1.8%，17 个试点增产效果为 2.2%（表 6-1）。

表 6-1　立体生态稻作亚区氮、磷、钾肥对水稻产量的增产效果

生态亚区	试点	稻谷产量/kg/亩			磷钾肥的增效/%	氮磷钾肥的增效/%	氮磷钾肥比磷钾肥的增效/%
		空白区	施磷钾	施氮磷钾			
HISZ	临沧市	504.7	526.9	560.6	4.4	11.1	6.4
	文山市	439.0	464.0	677.0	5.7	54.2	45.9
	耿马县	395.8	490.5	618.1	23.9	56.2	26.0
	澜沧县	407.8	385.6	498.9	−5.4	22.3	29.4
	腾冲市蒲川乡	531.8	517.8	624.8	−2.6	17.5	20.7
	德宏州	445.4	436.0	495.6	−2.1	11.3	13.7
	平均	454.1	470.1	579.2	3.5	27.6	23.2

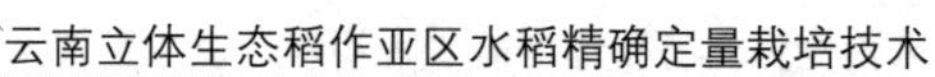

（续）

生态亚区	试点	稻谷产量/kg/亩			磷钾肥的增效/%	氮磷钾肥的增效/%	氮磷钾肥比磷钾肥的增效/%
		空白区	施磷钾	施氮磷钾			
DISZ	开远市	606.7	610.3	633.4	0.6	4.4	3.8
	红河州	497.8	514.4	752.2	3.4	51.1	46.2
	平均	552.2	562.4	692.8	1.8	25.5	23.2
IJSZ-I	永胜县	805.7	753.6	989.9	−6.5	22.9	31.4
	保山市	500.7	566.5	769.3	13.1	53.6	35.8
IJSZ-J	保山市隆阳区	693.3	699.2	816.7	0.9	17.8	16.8
	玉溪市	364.6	329.9	531.3	−9.5	45.7	61.1
	平均	519.5	531.9	705.8	2.4	35.8	32.7
WJSZ	楚雄州	496.4	542.6	763.1	9.3	53.7	40.6
	大理市	612.7	600.1	585.8	−2.1	−4.4	−2.4
	腾冲市	490.5	474.1	509.4	−3.3	3.9	7.4
	曲靖市麒麟区	562.5	563.2	688.2	0.1	22.4	22.2
	祥云县	754.2	800.0	916.9	6.1	21.6	14.6
	平均	583.3	596.0	692.7	2.2	18.8	16.2
平均		534.2	544.5	671.5	2.2	27.3	23.3

总体来看，云南稻田施用磷钾肥的增产效果不明显。施用氮磷钾肥大理市试点减产 4.4%，其余试点均增产，增产效果从 3.9% 到 56.2%，增产明显。从 4 个生态稻作亚区来看，增效最大的是籼粳交错区（IJSZ）的粳稻，平均增幅达到 35.8%，增效最小的是温暖粳稻区（WJSZ），增幅为 18.8%。从 17 个试点来看，氮磷钾肥的增产效果达到 27.3%。施用氮磷钾肥比仅施用磷钾肥增产效果与跟空白处理的规律相一致，只是增产的幅度略有降低，17 个试点的平均增幅为 23.3%。总体来看，氮磷钾肥协同施用增产效果最佳。

第二节　氮肥精确定量施用技术

氮肥是水稻生产中增产效果最明显，也是最活跃的元素，氮肥用量的多少决定着稻谷产量的高低，氮肥不足或者氮肥过量均不利于水稻的高产，适宜的施氮量是水稻高产的决定因素。凌启鸿等（2000）利用斯坦福方程精确计算氮肥的施用量，能够合理促进水稻高产。利用斯坦福方程准确计算施氮量需要明确目标产量的百千克籽粒需氮量、土壤供氮量和肥料当季利用率，为了准确计算云南立体生态稻作亚区的氮肥施用量，对以上参数进行了研究并进行总结，以便不同生态亚区的科技人员或农户利用。

一、百千克籽粒需氮量

百千克籽粒需氮量是求取目标产量需氮量的重要参数，计算公式为：百千克籽粒需氮量=(收获时植物体内养分积累量×100)/稻谷产量。凌启鸿等（2007）研究表明，百千克稻谷需氮量随产量增加而上升，呈线性正相关（图 6-1），江苏常规中晚熟粳稻的百千克稻谷需氮量为：产量 500 kg/亩时，为 1.8～1.9 kg；产量 600 kg/亩时，为 1.9～2.1 kg；产量 700 kg/亩以上时，为 2.1 kg 左右。同产量等级的百千克稻谷需氮量籼稻比粳稻低 0.2 kg。

云南省不同生态稻作亚区水稻类型和产量差异较大，项目组在不同生态亚区进行了水稻的百千克籽粒需氮量研究，结果表明，百千克稻谷需氮量随产量增加而上升（表 6-2）。云南水稻百千克籽粒需氮量与产量关系的表现规律为：产量 500～600 kg/亩时，籼稻为 1.5～1.7 kg，粳稻为 1.5～1.7 kg；产量 600～700 kg/亩时，籼稻为 1.6～1.8 kg，粳稻为 1.7～1.8 kg；产量 700～800 kg/亩时，籼稻为 1.7～1.9 kg，粳稻为 1.8～2.0 kg；产量 800～900 kg/亩时，籼稻为 1.7～1.9 kg，粳稻为 1.9～2.0 kg；产量 900～1 200 kg/亩时，籼稻为 1.8～1.9 kg，粳稻为 2.0～2.1 kg。

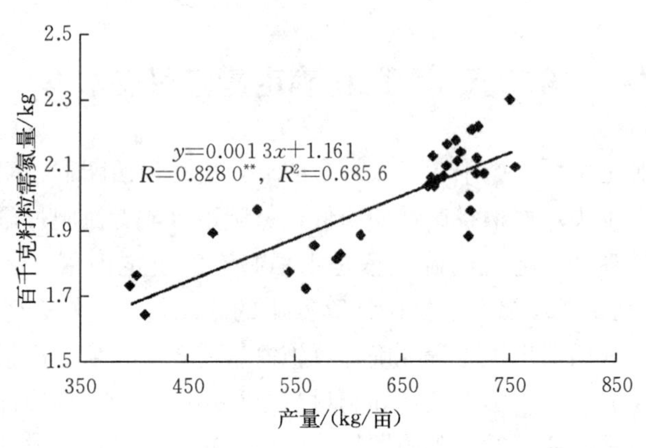

图 6-1　百千克籽粒需氮量与产量的关系

表 6-2　不同产量水稻百千克籽粒需氮量

单位：kg

产量/(kg/亩)	籼稻	粳稻
500～600	1.5～1.7	1.5～1.7
600～700	1.6～1.8	1.7～1.8
700～800	1.7～1.9	1.8～2.0
800～900	1.7～1.9	1.9～2.0
900～1 200	1.8～1.9	2.0～2.1

二、云南不同生态稻作亚区稻田基础地力

空白区水稻产量是水稻不施氮肥获得的产量，可以反映当地的基础地力水平。空白区稻谷产量与空白区百千克籽粒需氮量的乘积就是土壤供氮量。不同生态稻作亚区水稻空白区产量差异较大。从试验数据来看（表 6-3），湿热籼稻亚区（HISZ）为 440～610 kg/亩，土壤供氮为 7.5～8.5 kg/亩；干热籼稻亚区（DISZ）为 660～800 kg/亩，土壤供氮为 11.0～11.5 kg/亩；籼粳稻交错亚区（籼稻）（IJSZ-I）为 520～590 kg/亩，土壤供氮为 9.0 kg/亩，籼粳稻交错亚区（粳稻）（IJSZ-J）为 440～660 kg/亩，土壤供氮为

7.5～9.0 kg/亩；温暖粳稻亚区（WJSZ）为 550～580 kg/亩，土壤供氮为 8.0～8.5 kg/亩；冷凉粳稻亚区（CJSZ）为 500～640 kg/亩，土壤供氮为 7.5～8.0 kg/亩。

表 6-3　云南不同生态稻作亚区稻田基础地力汇总

生态稻作亚区	地点	品种类型	产量范围/（kg/亩）	百千克籽粒需氮量/kg	土壤供氮量/（kg/亩）
HISZ	麻栗坡县、腾冲市、芒市	籼稻	440～610	1.4～1.7	7.5～8.5
DISZ	永胜县涛源镇和期纳镇、宾川县	籼稻	660～800	1.6～1.7	11.0～11.5
IJSZ	永胜县三川镇	籼稻	520～590	1.5～1.7	8.5～9.0
IJSZ	保山市隆阳区、玉溪市红塔区	粳稻	440～660	1.4～1.8	7.5～9.0
WJSZ	楚雄州、陆良县	粳稻	550～580	1.5～1.6	8.0～8.5
CJSZ	丽江市古城区、永胜县永北镇	粳稻	500～640	1.3～1.6	7.5～8.0

三、适宜施氮量的确定

氮素在整个农业生态系统中，特别是在推动粮食增产中起着非常重要的作用。2002 年中国水稻的氮肥用量为 12 kg/亩，比世界平均水平高 75%，而这些氮肥仅有 20%～30%被植株所吸收利用，其余大部分流失到环境中。因此确定适宜的施氮量至关重要。云南生态环境复杂多样，水稻产量水平差异较大，为了确定云南不同生态区水稻氮肥的最佳用量，项目组在云南不同生态稻作亚区开展了水稻氮肥用量试验。根据目标产量、基础地力和百千克籽粒需氮量计算云南立体生态稻作亚区的适宜施氮量（表 6-4）。

表 6-4　不同稻作亚区水稻精确定量计算的氮肥用量

生态稻作亚区	空白区产量/（kg/亩）	百千克籽粒需氮量/kg	土壤供氮量/kg	目标产量/（kg/亩）	百千克籽粒需氮量/kg	总需氮量/（kg/亩）	肥料利用率/%	理论施氮量/（kg/亩）	适宜施氮量/（kg/亩）
DISZ	700	1.7	11.9	950	1.9	18.1	45	13.7	14
HISZ	600	1.5	9.0	800	1.9	15.2	45	13.8	14
IJSZ（籼稻）	700	1.7	11.9	950	1.9	18.1	45	13.7	14

（续）

生态稻作亚区	空白区产量/(kg/亩)	百千克籽粒需氮量/kg	土壤供氮量/kg	目标产量/(kg/亩)	百千克籽粒需氮量/kg	总需氮量/(kg/亩)	肥料利用率/%	理论施氮量/(kg/亩)	适宜施氮量/(kg/亩)
IJSZ（粳稻）	680	1.8	12.24	900	2.1	18.9	42	15.9	16
WJSZ	550	1.6	8.8	700	2.1	14.7	42	14.0	14
CJSZ	600	1.6	9.6	750	2.1	15.8	40	15.4	16

注：利用斯坦福方程计算得出。

设置不施氮肥的空白处理（F_1），适宜施氮量处理为 F_4，在适宜施氮量基础上，通过±3 kg、±6 kg 设置氮肥用量试验，分别为处理 F_2、F_3、F_5 和 F_6，施肥处理的基蘖肥与穗肥的比例为 5∶5（表 6-5）。

表 6-5　不同稻作亚区水稻精确定量施氮量验证试验设计

单位：kg/亩

处理	DISZ（宜香 725）	HISZ（宜优 673）	IJSZ（籼稻）（宜优 673）	IJSZ（粳稻）（隆科 16）	WJSZ（云粳 26）	CJSZ（凤稻 26）
F_0	0	0	0	0	0	0
F_1	8	8	8	10	8	10
F_2	11	11	11	13	11	13
F_3	14	14	14	16	14	16
F_4	17	17	17	19	17	19
F_5	20	20	20	22	20	22

除了冷凉粳稻亚区（CJSZ）F_5、F_6 处理比空白区减产外，其余施氮处理均实现了一定的增产。所有生态稻作亚区均随着施氮量的增加，产量均呈先增加后降低的趋势，其中干热籼稻亚区（DISZ）和籼粳交错亚区（籼稻）（IJSZ-I）的最高产量为 F_4，湿热籼稻亚区（HISZ）、籼粳交错亚区（粳稻）（IJSZ-J）和温暖粳稻亚区（WJSZ）的最高产量为 F_5，冷凉粳稻亚区（CJSZ）的最高产量为 F_3（表 6-6）。表明适宜施氮量与最高产量施氮量有 3 kg 纯氮的差异，计算值与实际值的差异非常小。施用氮肥主要是促进水稻有效穗和穗粒数的增加，提高了单位面积的颖花量；随着施氮

量的增加，水稻有效穗和穗粒数均呈现先增加后减少的趋势。

表 6-6　不同生态稻作亚区施氮量对水稻产量的影响

生态稻作亚区	处理	有效穗数/（万穗/亩）	穗粒数/粒	颖花量/（×10³ 万朵/亩）	实粒数/（粒/穗）	结实率/%	千粒重/g	理论产量/（kg/亩）	实际产量/（kg/亩）
DISZ	F_0	15.5	167.9	2.6	143.2	85.3	30.8	683.7	693.3
	F_1	18.2	201.9	3.7	159.1	78.8	30.6	886.0	852.5
	F_2	19.7	206.9	4.1	160.8	77.7	30.5	965.9	955.1
	F_3	21.2	210.0	4.5	165.1	78.6	30.8	1 077.8	1 067.7
	F_4	20.2	207.4	4.2	157.6	76.0	30.6	974.3	960.0
	F_5	21.4	206.6	4.4	140.1	67.8	30.6	917.3	934.1
HISZ	F_0	16.9	138.4	2.3	113.9	82.3	30.8	592.9	588.1
	F_1	19.9	165.7	3.3	126.4	76.3	30.7	772.4	768.2
	F_2	20	166.6	3.3	126.9	76.2	30.7	779.5	771.9
	F_3	20.3	169.6	3.4	127.2	75.0	30.6	790.1	778.2
	F_4	20.9	165.2	3.5	125.9	76.2	30.6	805.1	799.6
	F_5	18.9	174.1	3.3	130.6	75.0	30.6	755.2	751.8
IJSZ-I	F_0	16.5	146.6	2.4	133.1	90.8	30.7	674.3	693.0
	F_1	18.9	175.5	3.3	157.1	89.5	30.6	908.4	915.1
	F_2	20.9	175.4	3.7	156.3	89.1	30.4	992.9	986.8
	F_3	22	181.5	4.0	157.0	86.5	30.6	1 056.9	1 060.8
	F_4	22.1	175.6	3.9	152.6	86.9	30.3	1 021.8	1 042.5
	F_5	21.2	174.1	3.7	150.4	86.4	30.2	963.1	994.5
IJSZ-J	F_0	17.8	152.5	2.7	146.2	95.9	27.0	702.9	700.6
	F_1	18.5	158.6	2.9	151.0	95.2	27.3	762.6	743.9
	F_2	19.5	164.4	3.2	156.8	95.4	26.6	813.5	783.8
	F_3	20.2	163.5	3.3	156.8	95.9	26.8	848.8	832.2
	F_4	22.4	159.9	3.6	152.7	95.5	25.8	882.5	881.6
	F_5	21.8	162.9	3.6	155.2	95.3	26.4	893.5	881.0

（续）

生态稻作亚区	处理	有效穗数/（万穗/亩）	穗粒数/粒	颖花量/（×10³万朵/亩）	实粒数/（粒/穗）	结实率/%	千粒重/g	理论产量/（kg/亩）	实际产量/（kg/亩）
WJSZ	F_0	16.7	145.9	2.4	134.5	92.2	24.7	554.9	541.9
	F_1	19.6	150.8	3.0	134.8	89.4	24.5	647.4	635.7
	F_2	20.1	151.7	3.0	134.9	88.9	24.5	664.1	655.6
	F_3	20.8	153.8	3.2	134.0	87.1	24.5	682.7	673.1
	F_4	20.0	163.9	3.3	142.4	86.9	24.5	697.9	698.8
	F_5	21.8	163.4	3.6	136.6	83.6	24.4	726.6	654.7
CJSZ	F_0	24.9	109.1	2.7	99.8	91.5	25.3	628.9	605.7
	F_1	27.4	127.3	3.5	99.0	77.8	25.1	681.1	657.4
	F_2	29.1	129.6	3.8	101.9	78.6	24.9	738.1	718.8
	F_3	29.9	127.7	3.8	96.8	75.8	25.1	726.4	704.3
	F_4	21.9	125.7	2.8	88.4	70.3	25.0	483.8	477.7
	F_5	20.4	123.8	2.5	84.2	68.0	25.0	429.3	433.4

四、设计值与最高产量处理实际值的偏差

从不同生态稻作亚区水稻氮肥用量试验结果来看，粳稻品种的百千克籽粒需氮量2.1 kg，比籼稻百千克籽粒需氮量高0.2 kg，尤其是比干热籼稻区（DISZ）和籼粳交错亚区（籼稻）（IJSZ－I）百千克籽粒需氮量高0.4 kg（表6－7）。虽然干热籼稻亚区（DISZ）和籼粳交错亚区（籼稻）（IJSZ－I）的实际产量比设计产量高，但由于百千克籽粒需氮量的降低，总需氮量差异不大，氮肥的利用效率提高到50%左右。这两个稻作亚区产量高，但百千克籽粒需氮量较低，方案设计的14 kg纯氮能够满足1 000 kg/亩籽粒生长的需氮

量。湿热籼稻亚区（HISZ）、籼粳交错亚区（粳稻）（IJSZ－J）和温暖粳稻亚区（WJSZ）的土壤供氮量、目标产量、百千克籽粒需氮量和总需氮量的设计值与实际值非常接近，但是由于肥料利用效率较低，需要更多的氮肥才能满足生产需要。冷凉粳稻亚区（CJSZ）的土壤供氮量、百千克籽粒需氮量和氮肥利用效率的设计值与实际值非常接近，但是由于实际产量低于设计产量，所以总需氮量设计偏高，实际生产中每亩仅需要 13.0 kg 纯氮。

表 6－7　不同稻作亚区精确定量施氮量设计值与高产实际值对比

生态亚区	处理	空白区			高产区				
		产量/（kg/亩）	百千克籽粒需氮量/kg	土壤供氮量/kg	目标产量/（kg/亩）	百千克籽粒需氮量/kg	总需氮量/（kg/亩）	肥料利用率/%	施氮量/（kg/亩）
DISZ	设计值	700.0	1.7	11.9	950.0	1.9	18.1	45.0	14.0
	实际值	693.3	1.6	11.1	1067.7	1.7	18.2	50.3	14.0
HISZ	设计值	600.0	1.5	9.0	800.0	1.9	15.2	45.0	14.0
	实际值	588.1	1.5	8.8	799.6	1.9	15.2	37.4	17.0
IJSZ（籼稻）	设计值	700.0	1.7	11.9	950.0	1.9	18.1	45.0	14.0
	实际值	693.0	1.6	11.1	1060.8	1.7	18.0	49.5	14.0
IJSZ（粳稻）	设计值	680.0	1.8	12.2	900.0	2.1	18.9	42.0	16.0
	实际值	700.6	1.7	11.9	881.6	2.1	18.5	34.8	19.0
WJSZ	设计值	550.0	1.6	8.8	700.0	2.1	14.7	42.0	14.0
	实际值	541.9	1.6	8.7	698.8	2.1	14.7	35.4	17.0
CJSZ	设计值	600.0	1.6	9.6	750.0	2.1	15.8	40.0	16.0
	实际值	605.7	1.6	9.7	718.8	2.1	15.1	41.6	13.0

第三节　不同稻作亚区水稻氮肥运筹适宜比例

生产实践中，随着单位面积化肥施用量的增加，化肥利用率下

降、化肥流失造成的环境污染等问题日益受到人们的关注。施用氮肥是水稻增产的主要技术措施之一，通过适时适量施用氮肥，可以提高氮肥利用效率，实现高产、稳产、生态的生产目标。本研究在云南不同生态稻作亚区、在上一节研究的适宜施氮基础上，通过氮肥前后比例和施肥时期的调整，探索提高肥料利用效率的途径，明确不同生态稻作亚区氮肥运筹比例。

试验设氮肥运筹比例6个，即：处理1（CK，以云南省常规施用方法，基蘖肥：穗肥=8：2，记为T_1）；处理2（基蘖肥：穗肥=7：3，记为T_2）；处理3（基蘖肥：穗肥=6：4，记为T_3）；处理4（基蘖肥：穗肥=5：5，记为T_4）；处理5（基蘖肥：穗肥=4：6，记为T_5）；处理6（基蘖肥：穗肥=3：7，记为T_6）。干热籼稻亚区（DISZ）、湿热籼稻亚区（HISZ）、籼粳交错亚区（IJSZ）、温暖粳稻亚区（WJSZ）和冷凉粳稻亚区（CJSZ）的总施氮量分别为每亩14 kg、17 kg、14 kg（IJSZ籼稻）、19 kg（IJSZ粳稻）、17 kg、13 kg，基肥于移栽前1 d整田时施用，分蘖肥于移栽后5 d拌除草剂施用，促花肥于倒4叶抽出时施用，保花肥于倒2叶抽出时施用。基肥：分蘖肥=1：1，促花肥：保花肥为1：1。每亩施过磷酸钙50 kg，全部作底肥，硫酸钾10 kg，其中基肥施5 kg，促花肥施5 kg。试验采用3次重复的随机区组排列，小区面积20 m^2，籼型杂交稻每穴栽1苗，粳稻每穴栽2苗。

一、氮肥运筹比例对水稻产量的影响

在云南5个生态稻作亚区中，干热籼稻亚区（DISZ）、湿热籼稻亚区（HISZ）、温暖粳稻亚区（WJSZ）T_3处理（基蘖肥：穗肥为6：4）的产量最高，而在籼粳稻交错亚区（IJSZ）和冷凉粳稻亚区（CJSZ）T_4处理（基蘖肥：穗肥为5：5）的产量最高（表6-8）。从肥料运筹比例试验结果来看，在云南5个不同的生态稻作亚区，随着基蘖肥用量的降低，水稻产量增加，而当基蘖肥用量低于穗肥用量以后，产量开始降低。由于基蘖肥中基肥：分蘖肥为5：5，穗肥中促花肥：保花肥为5：5，因此，肥料用量通过精确定量氮肥的前提下为基肥：分蘖肥：促花肥：保花肥为 2.5：2.5：2.5：2.5 或 3：3：2：2。

表 6-8　不同稻作亚区氮肥运筹比例对产量及其构成因素的影响

单位：kg/亩

生态稻作亚区	T_1	T_2	T_3	T_4	T_5	T_6
DISZ	788.0	—	1 066.0	1 059.3	1 038.0	1 064.7
HISZ	626.7	617.3	645.3	624.7	620.0	590.0
IJSZ	720.0	738.0	753.3	766.7	766.7	768.7
WJSZ	713.3	713.3	742.0	700.0	706.7	698.0
CJSZ	728.7	815.3	828.7	851.3	820.0	804.7

二、氮肥运筹对产量构成因素的影响

除了籼粳交错亚区（IJSZ）外，其余 4 个生态稻作亚区，随着基蘖肥比例的降低，穗肥比例的增加，有效穗数呈增加的趋势，尤其 T_4 处理（基蘖肥：穗肥为 5：5）的有效穗数最多（表 6-9）。除湿热籼稻亚区（HISZ）外，其余 4 个稻作亚区随着穗肥比例的增加，穗粒数显著增加。湿热籼稻亚区（HISZ）T_1 处理的穗粒数较多，主要是有效穗数较少，因此每一个茎秆吸收的养分较多，所以穗粒数较多。在 5 个生态稻作亚区，随着基蘖肥比例的降低、穗肥比例的增长，单位面积上颖花量呈增长的趋势，其中，籼稻区 T_4 处理的颖花量最多，籼粳稻交错亚区（IJSZ）的颖花量差异不大，而温暖粳稻亚区（WJSZ）和冷凉粳稻亚区（CJSZ）颖花量最大值出现在 T_6 处理。实粒数的变化趋势与穗粒数的趋势相一致。总之，降低基蘖肥比例，增加穗肥比例有利于提高单位面积的颖花量，为高产奠定了基础。基蘖肥比例降低，穗肥比例增加对结实率和千粒重的影响较小。

表 6-9　不同施氮比例对产量及产量结构的影响

生态稻作亚区	处理	有效穗数/（万穗/亩）	穗粒数/（粒/穗）	颖花量/（万朵/亩）	实粒数/粒	结实率/%	千粒重/g	产量/（kg/亩）
DISZ	T_1	15.1	171.9	2 599.9	156.0	90.7	31.4	741.3
	T_2	—	—	—	—	—	—	—
	T_3	17.8	214.0	3 809.5	196.4	91.8	30.9	1 078.7
	T_4	18.4	219.8	4 040.8	194.8	88.7	30.8	1 102.0
	T_5	17.5	219.3	3 846.1	196.1	89.5	31.0	1 065.3
	T_6	18.6	206.8	3 844.6	185.4	89.7	31.2	1 071.3
HISZ	T_1	13.2	185.0	2 442.4	163.0	88.1	27.9	626.7
	T_2	15.8	152.0	2 402.1	133.0	87.5	27.7	617.3
	T_3	16.5	166.0	2 739.6	147.0	88.6	28.3	645.3
	T_4	14.7	152.0	2 235.2	135.0	88.8	27.7	624.7
	T_5	14.1	165.0	2 327.4	142.0	86.1	28.3	620.0
	T_6	15.9	167.0	2 655.8	148.0	86.1	28.0	590.0
IJSZ	T_1	26.1	112.9	2 946.7	109.1	96.6	26.7	720.0
	T_2	24.3	117.2	2 851.1	113.0	96.4	27.3	751.3
	T_3	24.7	118.4	2 920.5	115.0	97.1	27.5	780.0
	T_4	25.5	114.4	2 917.2	110.5	96.6	27.3	768.7
	T_5	25.5	114.7	2 924.9	111.5	97.2	27.5	780.0
	T_6	24.9	113.2	2 817.9	110.2	97.4	27.4	751.3
WJSZ	T_1	19.5	146.7	2 861.6	110.0	75.4	23.8	508.7
	T_2	21.3	163.9	3 490.3	121.7	74.4	24.4	635.3
	T_3	21.7	156.8	3 397.3	122.5	78.0	24.6	642.0
	T_4	21.6	155.4	3 356.6	123.4	79.3	24.5	648.7
	T_5	19.7	162.8	3 213.7	126.9	78.0	25.0	628.7
	T_6	21.2	171.3	3 627.8	123.5	72.0	24.6	635.3
CJSZ	T_1	29.0	128.5	3 732.8	102.3	79.6	25.6	760.0
	T_2	30.9	119.7	3 702.3	94.9	79.6	26.0	764.7
	T_3	31.7	123.8	3 921.3	99.5	80.4	25.8	811.3
	T_4	31.7	124.0	3 927.9	99.8	80.8	26.0	820.0
	T_5	31.1	130.8	4 064.1	98.5	75.7	26.0	793.3
	T_6	30.1	139.7	4 210.8	107.2	76.8	25.0	808.7

除湿热籼稻亚区（HISZ）T_6 处理的产量显著低于其他处理外，随着基蘖肥比例降低，穗肥比例的增加，理论产量呈先增后降的趋势，最高产量均出现在 6∶4 或 5∶5 两种处理。因此，氮肥后移具有增产的效果，但是后移的度是有限的。

三、运筹比例对氮肥利用效率的影响

不同稻作亚区氮肥的农学利用效率差异较大，湿热籼稻亚区（HISZ）的氮素农学利用效率最低，而冷凉粳稻亚区（CJSZ）的最高（表 6－10），运筹比例对氮素农学利用效率影响较大，在干热籼稻亚区（DISZ）中 T_3 和 T_6 的氮肥农学利用效率最高，T_1 的最低；在湿热籼稻亚区（HISZ）中 T_3 最高，T_6 最低；对于籼稻品种 T_3 处理的氮肥农学利用效率最高。对于粳稻品种，在籼粳稻交错亚区（IJSZ）中，T_4、T_5、T_6 的氮素农学利用效率均高，在温暖粳稻亚区（WJSZ）中 T_3 处理最高，在冷凉粳稻亚区（CJSZ）中 T_4 处理最高。总之，在总氮量不变的前提下，随着茎蘖肥氮的减少，穗肥氮的增加，氮肥的利用效率呈先增加后降低的趋势，其中 T_3、T_4 处理的氮肥利用效率最高。

表 6－10　运筹比例对水稻氮肥农学利用效率的影响

单位：kg/kg

生态稻作亚区	T_1	T_2	T_3	T_4	T_5	T_6	平均
DISZ	4.9	—	15.6	15.4	14.5	15.6	13.2
HISZ	11.7	11.0	13.1	11.6	11.2	9.0	11.3
IJSZ	14.6	15.7	16.7	17.5	17.5	17.6	16.6
WJSZ	16.1	16.1	17.8	15.3	15.7	15.2	16.0
CJSZ	12.8	17.6	18.3	19.6	17.8	17.0	17.2

不同生态稻作亚区氮肥偏生产力不同，籼粳稻交错亚区（IJSZ）的最高，而干热籼稻亚区（DISZ）的最低（表 6－11）。氮肥运筹比例不同，其偏生产力也不同，在籼稻区 T_3 处理的氮肥偏

生产力最高，在籼粳稻交错亚区（IJSZ）中 T_6 处理的最高，在温暖粳稻亚区（WJSZ）中 T_3 处理的最高，在冷凉粳稻亚区（CJSZ）中，T_4 处理的最高。

表 6－11　不同稻作亚区氮肥运筹比例对偏生产力的影响

单位：kg/kg

生态亚区	T_1	T_2	T_3	T_4	T_5	T_6	平均
DISZ	30.3	—	41.0	40.7	39.9	40.9	38.6
HISZ	45.9	45.2	47.2	45.7	45.4	43.2	45.4
IJSZ	45.0	46.1	47.1	47.9	47.9	48.0	47.0
WJSZ	42.0	42.0	43.6	41.2	41.6	41.1	41.9
CJSZ	40.6	45.5	46.2	47.5	45.7	44.9	45.1

四、施氮量与氮肥运筹比例的协同关系

我国水稻生产中存在重施基蘖肥，轻施或少施穗肥的习惯，甚至仍有部分地方采用“一炮轰”的施肥方式，导致水稻无效分蘖增加、群体质量不高，在籽粒形成后期叶片含氮量下降，出现早衰，降低了水稻结实率和千粒重。氮素基蘖肥过多，易导致群体过大，无效分蘖过多，有效茎蘖个体小，茎蘖成穗率低，每穗颖花数少，库不足就会降低水稻后期对氮肥的摄取量。适量氮肥后移有利于优化群体质量、协调源库关系、增强叶片功能、延长叶片功能期、提高氮肥利用效益，合理施用氮肥是提高水稻产量和品质、维持农田氮素平衡、保持土壤可持续性利用的有效途径。项目组研究了云南省不同生态稻作亚区水稻氮肥用量，并得出了干热籼稻亚区（DISZ）水稻最佳纯氮用量为 14 kg/亩、湿热籼稻亚区（HISZ）为 17 kg/亩、籼粳稻交错亚区（粳稻）（IJSZ－J）为 19 kg/亩、温暖粳稻亚区（WJSZ）为 17 kg/亩。在总氮量相同的情况下，适当减少前期施肥量，增加后期施肥比例，可提高成穗率，使穗粒协调而高产。对不同生态稻作亚区氮肥运筹比例的研究，得出了基蘖肥∶穗肥为 6∶4 或 5∶5 时，水稻产量最高，氮素农学利用效率最

高，并提出基肥：蘖肥：促花肥：保花肥为 3：3：2：2 或 2.5：2.5：2.5：2.5 的均衡施氮法。

总之，氮肥是影响云南不同生态稻作亚区水稻产量最主要的因素，其对水稻产量的贡献远大于磷肥和钾肥，不同生态稻作亚区水稻产量差异较大，水稻百千克需氮量也根据产量的不同而有所变化。各生态稻作亚区中氮肥的最佳用量为干热籼稻亚区（DISZ）14 kg/亩、湿热籼稻亚区（HISZ）17 kg/亩、籼粳稻交错亚区（粳稻）（IJSZ－J）19 kg/亩、温暖粳稻亚区（WJSZ）17 kg/亩。不同生态稻作亚区氮肥运筹最佳比例为基蘖肥：穗肥为 6：4 或 5：5，水稻栽培中宜采用均衡施氮法，即基肥：蘖肥：促花肥：保花肥采用 3：3：2：2 或 2.5：2.5：2.5：2.5。

第七章 云南立体生态稻作亚区水稻精确定量栽培技术模式

以云南立体生态稻作亚区的水稻叶龄模式和群体质量为基础，根据立体生态环境特征和水稻品种特性，确定合理的目标产量及其构成因素，并精确定量计算实现目标产量的播种量、移栽基本苗数量、肥料用量、施肥比例和时期，并设计精确高效的水分管理措施。通过培育壮秧、扩行减苗、清水浅插、前氮后移、干湿交替灌溉、病虫害综合防治等主要技术措施，构建高质量的水稻群体，从而实现目标产量，达到高产、优质、高效、生态、安全的生产综合目标。

第一节 立体生态稻作亚区水稻精确定量栽培技术参数

一、湿热籼稻亚区

主要分布在北纬25°以南、海拔在1 200 m以下的地区，包括德宏州、西双版纳州、普洱市、临沧市、红河州和文山州的大部分稻区。该稻区高温高湿，常种植杂交籼稻和常规优质籼稻，水稻目标产量水平可以定在600～800 kg/亩。水稻总叶片数16～17叶，伸长节间数5～6节，不施肥空白区的产量440～610 kg/亩（表7-1）。实现目标产量每亩有效穗需达到16万～18万穗，穗粒数160～190粒，结实率80%以上，千粒重28～30 g（表7-2）。杂交稻基本苗1.5万～1.8万苗/亩，常规稻基本苗3.0万～4.0万苗/亩，株行距13.3 cm×30 cm或10 cm×33 cm，每穴插1～2苗，总施纯氮12～15 kg/亩（表7-3）。

表 7-1　湿热籼稻亚区水稻品种特性和空白区产量

代表性品种	总叶片数/叶	伸长节间数/节	空白区产量/（kg/亩）
宜优 673、丰优香占、Y 两优 2 号、宜优 725、宜优 527、两优 2186、两优 2161、临籼 24、滇屯 502	16～17	5～6	440～610

表 7-2　湿热籼稻亚区目标产量及其构成因素表

目标产量/（kg/亩）	有效穗数/（万穗/亩）	穗粒数/粒	结实率/%	千粒重/g
800	17.3～18	180～190	>85	28～30
700	16.7～18	170～180	>80	28～30
600	16～17	160～170	>80	28～30

表 7-3　湿热籼稻亚区栽插规格及氮肥用量

移栽密度/（万穴/亩）	株行距/cm	每穴苗数/苗	氮肥用量/（kg/亩）	运筹比例
1.5～2.0	13.3×30 或 10×33	1～2	12～15	3∶3∶2∶2

注：运筹比例为基肥、分蘖肥、促花肥、保花肥的施用比例。

二、干热籼稻亚区

这一稻区主要分布在金沙江、澜沧江、怒江、红河流域，包括永胜县、宾川县、华坪县、永仁县、元谋县、永善县、水富市、贡山县、保山市隆阳区、福贡县、个旧市、蒙自市等县（市、区）的部分地方。该稻区海拔 1 200 m 以上至 1 500 m 坝区，由于高温低湿的气候特点，水稻产量较高，目标产量可以达到 800～1 200 kg/亩，有的地方目标产量可以达到 1 200 kg/亩。该稻区由于冬季多种植蔬菜，不施肥空白区产量可以达到 660～800 kg/亩。水稻主茎总叶片数 17～20 叶，伸长节间 6 节，有效穗 18 万～22 万穗/亩，特高产稻区可达 26 万穗/亩，穗粒数 220 粒以上，结实率 80%以上，千粒重 30 g 左右。杂交稻基本苗 1.6 万～2.0 万苗/亩、常规稻基本苗 3.0 万～4.0 万苗/亩，移栽株行距 13.3 cm×30 cm 或 10 cm×30 cm，常规稻每穴栽 2 苗，杂交稻每穴栽 1 苗。总施纯氮 12～18 kg/亩，超高产田块可达 26 kg/亩（表 7－4 至表 7－6）。

表 7－4　干热籼稻亚区水稻品种特性和空白区产量

代表性品种	总叶片数/叶	伸长节间数/节	空白区产量/（kg/亩）
宜优 673、丰优香占、Y 两优 2 号、宜优 725、宜优 527、两优 2186、两优 2161、协优 107、川谷优 7329、Ⅱ优 107	17～20	6	600～800

表 7－5　干热籼稻亚区目标产量及其构成因素表

目标产量/（kg/亩）	有效穗数/（万穗/亩）	穗粒数/粒	结实率/%	千粒重/g
1 200	24～26	≥220	>80	29～30
1 000	20～22	≥220	>80	29～30
800	18～19	≥200	>80	28～29

表 7－6　干热籼稻亚区栽插规格及氮肥用量

移栽密度/（万穴/亩）	株行距/cm	每穴苗数/苗	氮肥用量/（kg/亩）	运筹比例
1.6～2.0	13.3×30 或 10×30	1～2	12～18	2.5∶2.5∶2.5∶2.5

三、籼粳稻交错亚区

主要分布在北纬 24°～27°，海拔 1 500～1 800 m 的区域，包括怒江州、保山市、大理州、楚雄州、昆明市、玉溪市、红河州、文山州和曲靖市的大部分稻区。该稻区种植有籼稻和粳稻品种，是云

南省水稻生产最复杂的区域。

籼稻空白区基础地力 500～600 kg/亩。品种目标产量可定在 700～900 kg/亩，总叶片数 17～19 叶，伸长节间数 6 节，移栽株行距 13.3 cm×30 cm 或 10 cm×30 cm，每穴插 1～2 苗。总施纯氮 14～16 kg/亩。

粳稻空白区基础地力 450～650 kg/亩。品种目标产量 800～1 000 kg/亩，总叶片数 13～15 叶，伸长节间数 4～5 节。移栽基本苗 4 万～5 万苗/亩，移栽株行距为 13.3 cm×26.5 cm 或 10 cm×30 cm，每穴栽插 2～3 苗，总施纯氮量 17～20 kg/亩（表 7－7 至表 7－9）。

表 7－7　籼粳稻交错亚区代表性品种特性及空白区产量

品种类型	代表性品种	总叶片数/叶	伸长节间数/节	空白区产量/（kg/亩）
籼稻	两优 2186、两优 2161、弥优 1 号、Ⅱ优 80、Ⅱ优 86	17～19	6	500～600
粳稻	楚粳 27、楚粳 28 等、云粳 26、云粳 21、云粳 30、滇杂 31、滇杂 32、云玉粳 8 号、滇杂 86	13～15	4～5	450～650

表 7－8　籼粳稻交错亚区目标产量及其构成因素

品种类型	目标产量/（kg/亩）	有效穗数/（万穗/亩）	穗粒数/粒	结实率/%	千粒重/g
籼稻	900	18	200	85	30
	800	17	185	85	30
	700	17	165	85	30
粳稻	1 000	28	170	85	25
	900	27	160	85	25
	800	25	152	85	25

表 7-9 籼粳稻交错亚区栽插规格及氮肥用量

品种类型	移栽密度/（万穴/亩）	株行距/cm	每穴苗数/苗	氮肥用量/（kg/亩）	运筹比例
籼稻	1.5～2.0	13.3×30 或 10×30	1～2	14～16	2.5∶2.5∶2.5∶2.5
粳稻	1.8～2.5	13.3×26.5 或 10×30	2～3	17～20	2.5∶2.5∶2.5∶2.5

四、温暖粳稻亚区

主要分布在北纬 25°～28°，海拔 1 800～2 100 m 的区域，包括怒江州、丽江市、大理州、楚雄州、昆明市、曲靖市和昭通市的大部分稻区。该稻区水稻总叶片数 12～14 叶，伸长节间数 4 节，空白区基础地力 500～550 kg/亩（表 7-10）。目标产量 700～900 kg/亩，有效穗数在 27 万～31 万穗/亩，穗粒数 135～145 粒/穗，结实率 85%，千粒重 23～24 g（表 7-11）。移栽基本苗 4.0 万～7.5 万苗/亩，移栽株行距为 10 cm×26.5 cm 或 13.3 cm×26.5 cm，每穴栽插 2～3 苗，总施纯氮量 17.7～20 kg/亩（表 7-12）。

表 7-10 温暖粳稻亚区代表性品种特性及空白区产量

代表性品种	总叶片数/叶	伸长节间数/节	空白区产量/（kg/亩）
楚粳 27、楚粳 28 等、云粳 26、云粳 21、云粳 30	12～14	4	500～550

表 7-11 温暖粳稻亚区目标产量及其构成因素表

目标产量/（kg/亩）	有效穗数/（万穗/亩）	穗粒数/粒	结实率/%	千粒重/g
900	31	145	85	24
800	29	140	85	24
700	27	135	85	23

表 7-12　温暖粳稻亚区栽插规格及氮肥用量

移栽密度/（万穴/亩）	株行距/cm	每穴苗数/（苗/穴）	氮肥用量/（kg/亩）	运筹比例
2.0～2.5	10.0×26.5 或 13.3×26.5	2～3	17.7～20	3∶3∶2∶2

五、冷凉粳稻亚区

主要分布在北纬 25°～28°，海拔 2 100～2 700 m 的区域，包括迪庆州、丽江市、大理州的部分稻区。该稻区水稻总叶片数 13～14 叶，伸长节间数 4 节，空白区基础地力 400～500 kg/亩（表 7-13）。目标产量 600～750 kg/亩，有效穗数在 28 万～30 万穗/亩，穗粒数 110～125 粒/穗，结实率 85%，千粒重 23～24 g（表 7-14）。移栽基本苗 6 万～7 万苗/亩，移栽株行距为 10 cm×26.5 cm 或 13.3 cm×23.1 cm，每穴栽插 2～3 苗，总施氮量 12～15 kg/亩（表 7-15）。

表 7-13　冷凉粳稻亚区代表性品种特性及空白区产量

代表性品种	总叶片数/叶	伸长节间数/节	空白区产量/（kg/亩）
凤稻 17、凤稻 19、丽粳 11	13～14	4	400～500

表 7-14　冷凉粳稻亚区目标产量及其构成因素表

目标产量/(kg/亩)	有效穗数/(万穗/亩)	穗粒数/粒	结实率/%	千粒重/g
750	30	125	85	24
680	29	120	85	23
600	28	110	85	23

表 7-15　冷凉粳稻亚区栽插规格及氮肥用量

移栽密度/（万穴/亩）	株行距/cm	每穴苗数/苗	氮肥用量/（kg/亩）	运筹比例
2.0～2.5	10.0×26.5 或 13.3×26.5	2～3	12～15	2.5∶2.5∶2.5∶2.5

以上各稻区的基肥于移栽前施用，分蘖肥于移栽后 5～7 d 施用，促花肥于倒 4 叶露尖时施用，保花肥于倒 2 叶露尖时施用。过磷酸钙 50 kg/亩或五氧化二磷 8 kg/亩，整田时作基肥一次性施入。硫酸钾 10 kg/亩于基肥和促花肥时各施 50%。

第二节　关键技术措施

一、育秧技术

播期的确定：水稻要高产，就是要把抽穗结实期安排在当地的最适温光季节，以提高抽穗至成熟期间的光合积累量。云南省早稻最佳抽穗结实期为 5 月上中旬，适宜播种期为 12 月中旬至翌年 1 月中旬；中稻最佳抽穗结实期为 7 月下旬至 8 月中旬，适宜播种期为 3 月上旬至 4 月上旬；晚稻最佳抽穗结实期为 10 月上中旬，适宜播种期为 6 月上中旬。

苗床准备：水稻精确定量栽培技术对秧田的准备没有特殊要求，可参照旱育秧或当地湿润育秧的方式准备就可以。若按旱育秧方式育秧，则按每亩本田准备苗床 40～50 m^2。播种前浇透水，每平方米施腐熟农家肥 8～10 kg，复合肥 150～200 g，普钙 20 g，硫酸锌 15～20 g，混均匀放入秧床，再用敌克松 2～3 g 拌细土洒在秧床上防治立枯病。

播种量：按照培育壮秧的要求，旱育秧每亩秧田不超过 25 kg 干种子，湿润育秧不超过 20 kg 干种子。

播种：播种前晒种 1～2 d，晒种后用清水浸种 24 h，捞出种子凉至种子不滴水，按 350 g 旱育保姆拌 1～1.2 kg 稻种。每平方米播种 60 g，每亩播种量为 25～30 kg，播种后轻压种子，使其三面结土，盖上细土，浇透水盖上薄膜。

秧田管理：小秧出苗后晴天揭膜通风透光，出齐后揭膜并逐渐揭去覆盖物，12～15 d 用 75%敌克松 300 倍液防治立枯病。三叶期浇施断奶肥，每亩秧田施尿素 8～10 kg、普钙 20 kg，移栽前3～5 d 浇施送嫁肥，每亩秧田施尿素 8～10 kg；移栽前 5～7 d，每亩

秧田用75%三环唑150 g兑水150 kg均匀喷雾防治稻瘟病1次，培育无病带蘖壮秧。

二、整田技术

精确定量栽培技术由于要求浅插，除当地水稻大田整理的环节外，特别要求做到田平水浅，面平如镜，水深3～5 cm；并且无论手栽还是机插均要求提前整田，沉实1 d以上，田水变清再移栽。

三、移栽技术

5叶1心移栽的壮苗，籼稻的基本苗在1.5万～2.0万苗/亩，粳稻在3.7万～6.0万苗/亩。若秧苗素质差，则应适当增加基本苗。

只有做到了田平水浅、清水移栽，才能保证移栽时的浅插。移栽时秧苗入土的深度为1～2 cm，不能过深。如果栽插过深，秧苗的缓苗期会延长，甚至影响分蘖的发生，栽插过深的秧苗先拔节，发生分蘖，减少了有效分蘖发生的叶位和时间。

四、施肥技术

肥料的定量包括种类、总量、运筹比例和施用时期的定量。肥料主要是农家肥和氮磷钾肥。农家肥每亩施用1 000 kg，过磷酸钙50 kg，硫酸钾10 kg。农家肥和过磷酸钙全部作基肥于移栽前施用，硫酸钾分2次施用，50%～60%作为基肥施用，40%～50%作为促花肥于倒4叶抽出时施用，保花肥于倒2叶抽出时（主茎幼穗长1～2 cm）施用。

氮肥是农作物生长中最重要、也是效果最好的肥料，对水稻的生长调控作用最明显。在云南常规粳稻产量800 kg/亩所需的纯氮在16～18 kg，籼型杂交稻在14～16 kg。采用均衡施氮法（基肥：分蘖肥：促花肥：保花肥为2.5：2.5：2.5：2.5或3：3：2：2），分别于移栽前、移栽后5～7 d、叶龄余数3.5～3.8叶、叶龄余数1.5叶时分别施用总肥量的1/4。

五、水分管理技术

水稻移栽活棵后，采用干湿交替灌溉，即一次灌水后等落干以后1～2 d再灌水，直到有效分蘖临界叶龄期前0.5叶停止灌水，便于及时晒田。晒田时要晒至田块微裂，根系外露。云南省籼稻区晒田的时间约15 d，粳稻区仅7 d，因此，要做好晒田的前期准备工作，使田块板结，易于撤水晒田。幼穗分化期采用干湿交替灌溉，确保穗分化水分的供应。抽穗以后，采用干湿交替灌溉。

由于云南省粳稻品种叶片数较少，无效分蘖时间短，晒田时间也较短，因此，在有效分蘖生长时期，至少进行2～3次露田，施用促花肥后轻度晒田更有利于水稻高产。

六、病虫草害综合防治技术

采用水稻精确定量栽培技术，由于提高了水稻群体质量，通风透光性好，能够适当控制或推迟稻瘟病的发生，但是各地还是要做好预防预报和统防统治工作。密切注意稻飞虱、稻瘟病、白叶枯病、螟虫、纹枯病、细条病、稻纵卷叶螟等病虫害的危害。

七、注意事项

水稻精确定量栽培技术是一套系统的、理论性很强的技术体系，要准确掌握其理论基础，并在水稻栽培中不断实践。由于各参数均是在理想状态下设计出来的，水稻生产过程中总会出现一些偏差，在移栽时根据秧苗素质调节合理的移栽密度，在有效分蘖期根据分蘖发生的多少，调节灌溉次数，促进分蘖的发生，最重要的是在幼穗分化期通过水肥的使用量和使用时期，调节分蘖的成穗率，使群体向着高产的方向发展。

第八章　云南立体生态稻作亚区水稻精确定量栽培技术增产途径分析

水稻产量是环境、品种和栽培技术三者协调的结果，在特定的环境下，选用适宜的品种，加上适合的高产栽培技术，才能够创造出高产。选育高产品种，应用高产栽培技术，充分挖掘不同生态区的水稻产量潜力是水稻高产再高产的主要途径。通过多年新品种选育的攻关，云南省已选育出许多适宜不同生态稻作亚区种植的新品种，其中，楚粳27和楚粳28被农业农村部认定为超级稻品种。但是立体生态区的水稻高产栽培技术研究相对滞后。杨立炯（1964）总结了“三黑三黄”水稻高产栽培经验；凌启鸿（2005，2007）通过叶龄模式对“三黑三黄”的时期进行了指标化（叶龄化），并在群体质量的基础上，提出了水稻精确定量栽培技术（RPQC），该技术针对不同的生态条件和栽培品种特性，精确地定量目标产量、基本苗、肥料和水分。本研究利用云南省立体生态条件，以各生态区的主栽品种为材料，设置水稻精确定量栽培技术与当地常规栽培技术的对比试验，检验水稻精确定量栽培技术的适应性，探索立体生态条件下水稻精确定量栽培技术的增产机理及进一步高产的途径，为不同生态区水稻高产再高产奠定理论基础。

第一节　立体生态稻作亚区水稻精确定量栽培技术的增产效应

在云南省5个生态稻作亚区，水稻产量差异较大，常规栽培条件下水稻产量的顺序为：干热籼稻亚区（DISZ）>籼粳稻交错亚区（IJSZ）>温暖粳稻亚区（WJSZ）>冷凉粳稻亚区（CJSZ）>湿热籼稻亚区（HISZ）。干热籼稻亚区（DISZ）的产量水平最高，农户种植常超过 800.0 kg/亩，其次是籼粳稻交错亚区（IJSZ），农户常规种植产量在 660 kg/亩左右，最低的是湿热籼稻亚区（HISZ），产量仅 500 kg/亩左右。在水稻精确定量栽培技术条件下，水稻产量的顺序为：干热籼稻亚区（DISZ）>籼粳稻交错亚区（IJSZ）>温暖粳稻亚区（WJSZ）>湿热籼稻亚区（HISZ）>冷凉粳稻亚区（CJSZ），其中干热籼稻亚区（DISZ）的产量水平仍然最高，超过 866.7 kg/亩，最高达到 1 033.3 kg/亩，其次是籼粳稻交错亚区（IJSZ），除优质常规籼稻产量较低外，其余品种的产量均超过 720.0 kg/亩，湿热籼稻亚区（HISZ）的产量水平超过冷凉粳稻亚区（DJSZ）。在不同生态稻作亚区，对不同熟期的水稻品种，精确定量栽培技术均显示了显著的增产效应（表 8-1）。

表 8-1　不同稻作亚区水稻精确定量栽培技术的增产效应

生态稻作亚区	水稻类型	精确定量技术产量/（kg/亩）	对照产量/（kg/亩）	增幅/%
HISZ	中稻	640.0～686.7	473.3～506.7	35.7～36.0
DISZ	籼	866.7～1 033.3	833.3～873.3	4.0～17.9
IJSZ	籼	520.0～846.7	493.3～780.0	5.0～8.5
	粳	720.0～886.7	633.3～766.7	12.2～16.2
WJSZ	粳	666.7～706.7	606.7～626.7	9.8～13.3
CJSZ	粳	513.3～620.0	480.0～560.0	6.2～10.6

在不同生态稻作亚区，水稻精确定量栽培技术的增产效应不同，增幅最大的是湿热籼稻亚区（HISZ），增产幅度达到 35%以上，其次是干热籼稻亚区（DISZ）和籼粳稻交错亚区（IJSZ）的粳稻，籼粳稻交错亚区（IJSZ）的籼稻品种和冷凉粳稻亚区，增产幅度较小。

第二节　立体生态亚区水稻精确定量栽培技术的增产途径分析

水稻精确定量栽培技术在云南立体生态区均显示了显著的增产效果，为了进一步分析不同生态稻作亚区增产的效应，现按不同生态稻作亚区进行分析比较，以明确不同生态稻作亚区增产的潜力和途径。

一、有效穗

在不同生态稻作亚区，水稻精确定量栽培技术对有效穗数增减不一。在湿热籼稻亚区（HISZ）、干热籼稻亚区（DISZ）和冷凉粳稻亚区（CJSZ），有效穗均增加，而在籼粳稻交错亚区（IJSZ）和温暖粳稻亚区（WJSZ）均出现了有增有减的情况（表 8-2）。

一般认为增加有效穗的途径有两条：一是可以通过增加基本苗，增施基蘖肥，促进分蘖的发生获得；二是在适宜基本苗基础上获得适宜的有效穗数，降低基蘖肥的用量，控制高峰苗，通过提高成穗率获得。

表 8-2　不同稻作亚区水稻精确定量栽培技术对产量构成因素的影响

单位：%

生态稻作亚区	水稻类型	颖花量	有效穗	穗粒数	实粒数	结实率	千粒重
HISZ	籼	33.92～38.96	9.3～19.7	16.0～22.6	25.5～33.4	2.4～14.0	0.80～2.20
DISZ	籼	3.36～38.16	7.9～20.9	−4.3～14.2	−9.5～9.6	−10.3～2.8	−6.06～3.91
IJSZ	籼	3.41～13.33	−4.6～10.3	2.8～8.4	−4.2～9.1	−2.6～0.6	1.66～3.85
	粳	7.71～16.14	−3.3～6.0	4.9～20.1	3.8～14.7	−4.4～4.4	−4.48～2.51
WJSZ	粳	7.10～8.72	−6.3～−1.2	8.4～16.1	8.0～19.7	−0.6～2.6	−0.25～1.08
CJSZ	粳	18.83～35.01	5.5～23.3	9.5～12.6	0.0～5.3	−11.6～−6.4	−7.82～1.47

调查发现，精确定量栽培总体上降低了云南立体生态区的基本

苗、降低了高峰苗、提高了成穗率。基本苗除了湿热籼稻亚区（HISZ）和干热籼稻亚区（DISZ）部分品种有增加外，其余生态区均降低，降低幅度在1.0%～49.6%。高峰苗除湿热籼稻亚区（HISZ）增加外，其他生态区均降低。成穗率除了湿热籼稻亚区（HISZ）和干热籼稻亚区（DISZ）的部分品种略有降低外，其余稻作亚区水稻品种成穗率均提高。

二、穗粒数和实粒数

水稻精确定量栽培技术重施穗肥促进了穗粒数和穗实粒数的增加，除了干热籼稻亚区（DISZ）的水稻穗粒数有所降低外，其他生态稻作亚区水稻穗粒数均增加，其中湿热籼稻亚区（HISZ）增幅最大。实粒数的变化趋势与穗粒数的变化趋势相一致，除了干热籼稻亚区（DISZ）和籼粳稻交错亚区（IJSZ）籼稻类型略有降低，冷凉粳稻亚区（CJSZ）品种穗实粒数变化较小，其余生态稻作亚区的穗实粒数均增加，增幅在3.8%～33.4%。

三、颖花量

颖花量是决定水稻产量高低的最主要因子，水稻精确定量栽培技术在不同生态亚区均提高了颖花量，其增幅较大的生态亚区是湿热籼稻亚区（HISZ）、干热籼稻亚区（DISZ）和冷凉粳稻亚区（CJSZ），其次是籼粳稻交错亚区（IJSZ），最小的是温暖粳稻亚区（WJSZ）。

颖花量增加的立体分布规律明显，即在低海拔地区，水稻精确定量栽培技术同时提高了穗数和穗粒数，随着海拔升高，穗粒数提高的贡献降低，穗数增加的贡献加大。扩大颖花量是云南立体生态区水稻增产的共性途径。

在湿热籼稻亚区，由于空气湿度较高，应适当降低栽插基本苗和基蘖肥的用量，控制无效分蘖的发生，降低群体高峰苗，适时适量施用穗肥，促进大穗的形成，扩大单位面积的颖花量，同时稳定结实率和千粒重，通过颖花量的增加获得高产。

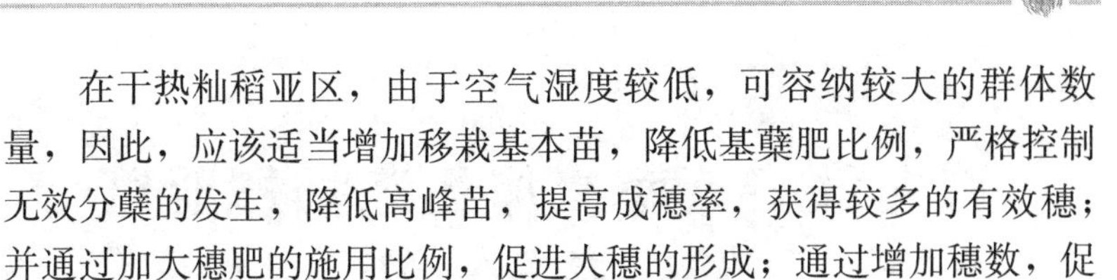

在干热籼稻亚区，由于空气湿度较低，可容纳较大的群体数量，因此，应该适当增加移栽基本苗，降低基蘖肥比例，严格控制无效分蘖的发生，降低高峰苗，提高成穗率，获得较多的有效穗；并通过加大穗肥的施用比例，促进大穗的形成；通过增加穗数，促进大穗获得高产。

在籼粳稻交错亚区，温暖粳稻亚区和冷凉粳稻亚区，应通过降低基本苗和基蘖肥用量，控制无效分蘖的发生，降低高峰苗，提高成穗率和有效穗，并通过氮肥后移，增加穗肥的比例，促进大穗形成，提高单位面积上的颖花量和产量。随着海拔的升高，应增加基本苗的数量。

四、结实率和千粒重

5个生态稻作亚区精确定量栽培技术对水稻结实率和千粒重影响不大，除了湿热籼稻亚区（HISZ），该技术同时提高了结实率和千粒重；籼粳稻交错亚区（IJSZ）提高籼稻的千粒重外，其余都是有增有减。

水稻精确定量栽培技术在云南立体生态区普遍增产的途径是：通过降低基本苗，控制高峰苗，提高成穗率的途径，获得适宜的有效穗数并促进大穗，增加了水稻的颖花量，同时稳定结实率和千粒重。

第九章　云南立体生态稻作亚区高产典型案例

2005年以来，云南省农业科学院与南京农业大学合作，引进水稻精确定量栽培技术，利用该技术在云南立体生态稻作亚区创造了多个水稻高产典型：在干热生态亚区（永胜县涛源镇）小面积产量创造了1 287 kg/亩的世界水稻高产纪录，在个旧市连续6年创造了产量超1 000 kg/亩百亩样板；在湿热籼稻亚区连续2年创造了产量超800 kg/亩百亩样板；在籼粳稻交错亚区的籼稻、粳稻均创造了产量超900 kg/亩百亩样板；在温暖粳稻亚区连续2年创造了产量超800 kg/亩百亩样板；在冷凉粳稻亚区连续2年创造了产量超500 kg/亩百亩样板。

第一节　干热生态亚区水稻精确定量栽培高产典型

在干热生态亚区（永胜县涛源镇）协优107精确定量栽培技术高产攻关田小面积（700 m^2）产量创造了1 287 kg/亩的世界纪录，在个旧市创造了超优千号精确定量栽培连续6年亩产超1 000 kg百亩样板。

一、协优107精确定量栽培技术亩产1 287 kg高产典型创建

1. 栽培方案设计

（1）实施地点及背景。试验点位于云南省永胜县涛源镇水稻高

产示范场，地处金沙江上游河谷，位于 E100°22′、N25°59′，海拔 1 170 m，北倚横断山脉，南纳孟加拉湾西南气流，形成高原型南亚热带气候，年平均气温 21.1 ℃，日照 2 700 h，降水量 585.7 mm，11 月至翌年 4 月为旱季，5—10 月为雨季。涛源镇是典型的稻菜轮作区，夏季种植水稻，冬季种植番茄、辣椒等蔬菜。土壤理化特性：pH=7.4，有机质 18.1 g/kg，全氮 1.97 g/kg，碱解氮 124.0 mg/kg，有效磷 37.0 mg/kg，速效钾 117.0 mg/kg。

（2）产量结构设计。协优 107 在高产条件下孕穗期每个有效茎蘖平均绿色叶面积为 270～290 cm^2，最适最大 LAI 为 11，据此推算适宜穗数为 26 万～27 万穗/亩。参照该品种 2005 年在涛源表现出的品种特性，确定每穗总粒数 195 粒、总颖花量 5 000 万朵/亩、结实率 90%、千粒重 29 g、理论产量 1 300 kg/亩以上作为高产主攻目标。

（3）群体生育指标设计。根据协优 107 主茎总叶片数 20 叶、伸长节间数 6 节的生育特性，设计 13 叶期（N－n－1）群体穗数 26 万～27 万苗/亩，17 叶期（拔节）高峰苗数 40 万～45 万苗/亩，成穗率 60%以上（图 9－1）。孕穗期最大 LAI 为 11，高效叶面积率 75%～80%。抽穗期单茎绿叶数 6 张，叶长序为倒 2 叶＞倒 3 叶＞倒 1 叶＞倒 4 叶＞倒 5 叶＞倒 6 叶；成熟期保持绿叶 1～2 张。按收获指数 0.5 计，成熟期干物质积累量 2 250 kg/亩，抽穗期 1 450 kg/亩左右（产量的 1.1 倍）。

（4）播种期设计。涛源镇 8 月平均气温 25 ℃左右，最有利于籼稻灌浆结实，最佳抽穗期应安排在 7 月下旬到 8 月上旬。协优 107 抽穗前天数为 104 d 左右，据此适宜播种期设计在 3 月中旬。

（5）培育壮秧。考虑到茬口（蔬菜）和整地等误时决定了水稻移栽期在 4 月初，秧龄期 20 d 左右，移栽秧龄 4 叶 1 心。因秧龄短，采用塑盘穴播技术育秧，秧苗带土移栽。穴盘 0.2 m^2，352 孔，每个孔播种 1 粒种子。播种后的秧盘平铺在事先预备的秧板上，进行湿润育秧方式管理。1 叶 1 心期施纯氮 7.5 g/m^2 断奶肥，2 叶 1 心期施纯氮 7.5 g/m^2 接力肥，移栽前 1 d，施纯氮 18.4 g/m^2 送嫁肥。

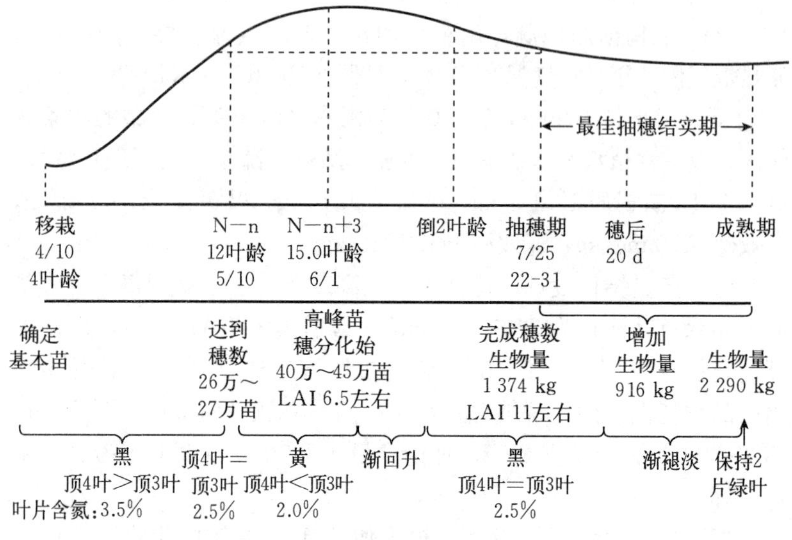

图 9－1　群体动态变化曲线设计

（6）精确定量基本苗。水稻高产超高产的前提是建立适宜穗数的群体。根据目标产量所需适宜穗数（Y）确定移栽基本苗数（X）是水稻精确定量栽培的关键之一。合理基本苗数（X）＝适宜穗数（Y）/每个单株（主茎）成穗数（ES）。ES 与有效分蘖叶位数（E）和分蘖发生率（r）有关。E 与主茎总叶龄（N）、伸长节间数（n）、移栽叶龄（SN）、分蘖缺位数（bn）和校正系数（a 值）有关，E＝（N－n－SN－bn－a）。

协优 107 目标有效穗 27 万穗/亩，总叶龄数 20 叶，伸长节间数为 6 节。超高产群体的矫正系数（a 值）宜取 1.5；穴盘带土移栽，bn＝0.5；秧苗 5 叶期移栽，7 叶期普遍分蘖，本田期有效分蘖叶龄有 E＝N－n－SN－bn－a＝20－6－5－0.5－1.5＝7。有效分蘖期内单株理论分蘖数（A）＝E＋(E－2)（E－3)/2＋(E－5)(E－6)/2＝7＋10＋1＝18 个，本田期秧苗活棵至等穗期，分蘖发生率（r）80%左右，实际发生数为 15 个，加主茎 1 个，单株成穗数 16 个。基本苗数为 27/16＝1.68 万苗，株行距 13.2 cm×30 cm，

每穴栽 1 棵种子苗，亩栽 1.67 万苗。

（7）精确定量施肥。

施氮量=（目标产量需 N 量—土壤供 N 量）/（N 肥当季利用率）

目标产量需氮量＝目标产量×100 kg 籽粒吸氮量/100

基础供氮量＝基础产量×100 kg 籽粒吸氮量/100

协优 107 为杂交籼稻，百千克稻谷的需氮量约为 1.7 kg，1 300 kg/亩目标产量需氮量 22.1 kg。2005 年涛源不施氮空白区的产量达 680 kg/亩，土壤供氮量平均为 10.2 kg/亩。肥料当季利用率按 40％计，氮肥总用量＝（22.1－10.2）/0.4＝29.8 kg/亩。为确保有效分蘖期内够苗和抽穗期叶长序（倒 2 叶＞倒 3 叶＞倒 1 叶＞倒 4 叶＞倒 5 叶）的要求，结合云南高产实践经验，确定基蘖肥：穗肥为 5：5，基蘖肥比例按照 4：6 施入，基肥在移栽前施用，分蘖肥分别在移栽 5 d 和移栽后 12 d 按照 2：1 的比例施用，以保证在 13 叶期够苗，叶色开始褪淡（顶 3 叶叶色与顶 4 叶接近），并在 14～15 叶龄期群体叶色"落黄"，顶 4 叶淡于顶 3 叶，使无效分蘖得到控制。穗肥分 2 次施用，倒 4 叶（第 17 叶）露尖时施用第 1 次穗肥，占总穗肥量的 45％；倒 2 叶露尖时施用第 2 次穗肥，占总穗肥量的 55％。磷肥普钙 70 kg/亩作基肥翻入土中，硫酸钾 40 kg/亩，作为底肥、促花肥各施一半，硅肥 30 kg/亩，与促花肥（20 kg/亩）和保花肥（10 kg/亩）施用。

（8）灌溉模式设计

移栽活棵期田间保持浅水层，当 12（N－n－2）叶龄期田间茎蘖数达 80％穗数苗时排水晒田，促使"落黄"，田面板实，以后采用干湿交替、以湿为主的水分管理方式，尽量减少田面保持水层的时间，促进根系发育，保持其活力。

2. 栽培方案实施

（1）育秧。3 月 12 日专用塑料秧盘穴播育秧，每个孔穴播 1 粒种子。播种后的秧盘平铺在事先预备的秧板上，按湿润育秧方式管理。1 叶 1 心期氮按 7.5 g/m^2 施秧田断奶肥，2 叶 1 心期氮按 7.5 g/m^2 施秧田接力肥，移栽前 1 d，施纯氮 18.4 g/m^2 作送嫁肥。

（2）精确定量基本苗。4月5日人工拉线定点移栽。栽插株行距30 cm×13.3 cm，亩栽1.67万株。移栽时，秧苗平均叶龄4.5，单株分蘖1.5个。

（3）精确定量施肥。施N量为30 kg/亩，P_2O_5为10.0 kg/亩，K_2O为20 kg/亩，N∶P∶K＝3∶1∶2。移栽时每秧盘用8 g尿素作送嫁肥（效果相当于基肥4 kg/亩），分蘖肥于移栽后第5 d和第12 d施用。亩施穗肥（N）15 kg，于倒4叶、倒3叶和倒2叶抽出时分别施用4 kg、6 kg、5 kg。过磷酸钙70 kg/亩作基肥翻入土中，硫酸钾40 kg/亩，硅肥30 kg/亩（表9-1）。

表9-1　永胜县涛源镇试验点2006年肥料施用表

<table>
<tr><th colspan="3">项目</th><th>施用量/(kg/亩)</th></tr>
<tr><td rowspan="7">秧苗期</td><td></td><td>送嫁肥等效纯N量</td><td>4</td></tr>
<tr><td rowspan="4">基肥</td><td>N</td><td>2</td></tr>
<tr><td>P_2O_5</td><td>10</td></tr>
<tr><td>K_2O</td><td>10</td></tr>
<tr><td></td><td></td></tr>
<tr><td rowspan="2">分蘖肥</td><td>N（移栽后5 d）</td><td>6</td></tr>
<tr><td>N（移栽后12 d）</td><td>3</td></tr>
<tr><td rowspan="6">大田期</td><td rowspan="2">拔节肥</td><td>K_2O</td><td>10</td></tr>
<tr><td>硅肥</td><td>20</td></tr>
<tr><td rowspan="4">穗肥</td><td>N（倒4叶露出）</td><td>4</td></tr>
<tr><td>N（倒3叶露出）</td><td>6</td></tr>
<tr><td>N（倒2叶露出）</td><td>5</td></tr>
<tr><td>硅肥（倒2叶露出）</td><td>10</td></tr>
<tr><td>合计</td><td></td><td>总N量</td><td>26</td></tr>
<tr><td>大田期N比例</td><td></td><td>基蘖肥N∶穗肥N</td><td>5∶5</td></tr>
</table>

（4）精确灌溉。移栽后活棵期间，保持0.5～1.0 cm薄水层，移栽后7 d至12.5叶期浅水灌溉，水层2～3 cm，并视苗情露田2～3次。从12叶期群体茎蘖数达到预定穗数的80%时，直到

16.5 叶期幼穗分化开始，进行分次晒田，先轻后重。第一次轻晒田至田面不开裂，不陷脚时复水，水层深度 3～4 cm。约经历 5～7 d 水分自然落干后，进行第二次重晒田，晒至田面开裂。第二次晒田后，可视情况再进行多次轻晒田。从幼穗开始分化到抽穗后 25 d 浅水勤灌，以浅水层和湿润为主，切忌长期保持水层。若在幼穗分化前晒田期间遇阴雨，可连续进行轻晒田，直到叶龄余数 2.5 叶时停止晒田，再实行浅水勤灌，抽穗后 25 d 至成熟，以湿润为主，养根保叶。

3. 实施结果与分析

(1) 水稻茎蘖动态。协优 107 采用塑盘精确定量播种育秧新技术，带土移栽，秧苗移栽到大田后没有返青期，栽后第 2 d 就开始分蘖，在 7 叶期前，实际分蘖数均超过理论数，表明秧苗素质较高，分蘖发生率均超过预计的 80%，还有部分秧苗不完全叶发生分蘖。在 11 叶以前，实际分蘖与理论设计分蘖数同步，表明基本苗设计精确，能按期（12.5 叶）够苗，加上田间肥水等管理措施得当，最后完成预期穗数（27 万穗/亩）。

(2) 干物质积累量。已有的研究表明，抽穗至成熟期的干物质积累量与产量呈极显著的线性相关，是衡量水稻群体质量的核心指标。水稻抽穗期以前有适宜的干物质积累量旨在后期形成“扩库强源”具有高光合积累能力的群体。通过合理施肥，调控群体结构，进一步提高抽穗后干物质积累是提高产量的有效方法。抽穗至成熟期的干物质生产占籽粒干重的比例为 70%～80%，则抽穗以后的干物质积累量为 787.5～900 kg/亩。抽穗期的群体干物质量为 1 350～1 462.5 kg/亩。如此高的生物量，很容易导致群体过大，后期光合生产能力上不去而减产。解决的途径一是增加有效穗数，控制无效分蘖，提高分蘖成穗率；二是控制茎基部叶片和节间的生长和伸长，增加茎秆粗度，提高比叶重和单位长度茎秆的物质积累。实际实施结果为齐穗期干物质积累量为 1 229.9 kg/亩，比设计略低，成熟期干物质积累量接近设计值，表明前期干物质积累虽然较少，但群体结构合理，有利于抽穗后光合积累，因而产量能够达到 1 300 kg/亩的水平（表 9－2）。

表 9－2　协优 107 干物质积累设计与实际对照

单位：kg/亩

处理	有效分蘖临界叶龄期	高峰苗期	齐穗期	成熟期
设计值	190.0	380.0	1 350.0	2 250.0
实际值	191.9	395.7	1 229.9	2 240.0

（3）最大 LAI 和茎生各叶叶长序数。合适的最大 LAI 是高产水稻群体的基础指标。涛源攻关田的孕穗至抽穗期的最适叶面积指数应控制在 10.0～12.0。涛源试验点实际叶面积指数为 11，均在设计值范围内。

对茎蘖动态和叶面积发展的控制，还反映在茎生各叶的长度上。已有的高产研究表明，叶长为倒 2 叶＞倒 3 叶＞倒 1 叶＞倒 4 叶＞倒 5 叶是肥料运筹较为合理的结果，是在稳定适宜叶面积指数基础上，提高有效和高效叶面积率，取得最佳群体总结实粒数的有效诊断指标。实施结果表明，涛源试验点为倒 2 叶＞倒 1 叶＞倒 3 叶＞倒 4 叶＞倒 5 叶，倒 1 叶长于倒 3 叶，而且倒 1 叶能够保持挺直，有利于后期光合积累（表 9－3）。

表 9－3　茎生各叶叶长和 LAI 设计与实际对照

处理	叶长/cm					最大 LAI
	倒 5 叶	倒 4 叶	倒 3 叶	倒 2 叶	倒 1 叶	
设计值						10～12
实际值	31.1	35.4	42.6	52.2	46.3	11

（4）水稻超高产试验产量及其构成因素。成熟期测产，有效穗 27 万穗/亩，每穗总粒数 191.0 粒，结实率 87.4%，千粒重 29 g，理论产量 1 307.6 kg/亩，产量构成因素各测定值与设计值完全吻合（表 9－4）。2006 年 9 月 7 日，科技部组织有关专家对涛源镇协优 107 精确定量高产攻关田进行验收，实产为 1 287 kg/亩，创造了世界最高单产纪录。

表 9-4 协优 107 产量及其构成因素设计与实际对照

处理	有效穗/（万穗/亩）	穗粒数/粒	结实率/%	千粒重/克	理论产量/（kg/亩）	实际产量/（kg/亩）
设计值	27	190	85.0	30	1 308.0	—
实际值	27	191	87.4	29	1 307.6	1 287

二、个旧市连续 6 年创造产量超 1 000 kg/亩百亩样板

1. 栽培方案设计

（1）实施地点基本条件。试验地点位于云南省红河州个旧市大屯镇新瓦房村，试验田地势平坦，田面平整，水源有保障，能灌能排，各块田有独立的进出水口，能有效控制各块田的田间水分。试验田土壤理化特性：pH=6.7，有机质 35.0 g/kg，全氮 2.2 g/kg，有效磷 30.9 mg/kg，速效钾 116.7 mg/kg。

（2）品种特性。超优千号为大穗型超高产杂交稻新组合，在个旧种植，主茎总叶龄 16 叶，伸长节间数 5 个，全生育期 170～180 d。株叶形态好：株型松散适中，叶片着生角度小，上三叶挺直、微凹，群体通风透光良好，光能利用率高。植株较矮，在个旧株高约 97 cm，重心较低；茎秆粗壮，后期茎叶功能强，耐肥抗倒。

（3）产量结构设计。有效穗 16 万～17 万穗/亩，平均每穗粒数 300 粒，总颖花量 5 000 万朵/亩左右，千粒重 26.5 g，结实率 85%以上，理论产量 1 100 kg/亩。

（4）主要生育时期的生长指标。有效分蘖叶龄期（移栽至 11 叶期）。在合理基本苗基础上，促进分蘖早生快发，于 11 叶期（N－n 叶龄期）群体总茎蘖数达到预期穗数，即 16 万～17 万穗/亩。此期群体叶色应“黑”，顶 4 叶叶色深于顶 3 叶（顶 4 叶＞顶 3 叶）。11 叶期，叶色开始褪淡，顶 4 叶、顶 3 叶叶色相近（顶 4 叶＝顶 3 叶），有利于控制无效分蘖的发生。

无效分蘖期至拔节期（12 叶期至 14 叶期）。该期最重要的诊断指标是群体叶色褪淡“落黄”，顶 4 叶叶色淡于顶 3 叶（顶 4

叶<顶 3 叶），以降低氮素代谢水平，使氮素代谢处于主导地位。该期“落黄”有以下生理生态作用：①控制无效分蘖发生和有效穗基部倒 5 叶、倒 4 叶的旺长，把拔节期的最高茎蘖数控制在适宜穗数的 1.4 倍左右（23 万穗/亩），为成穗率提高到 70%打基础；②群体叶面积指数（LAI）控制在 4 左右，为孕穗期封行打好基础；③株型挺拔，改善拔节长穗期的群体内透光条件，利于促进有效分蘖的发育和壮秆大穗的形成。

倒 4 叶期（13 叶期）至抽穗期。此期的目标：①促进有效分蘖成穗，保证完成适宜穗数；②促进大穗形成，增加总颖花量；③促进上三叶的生长和穗下节间的生长，达到适宜 LAI，为提高结实期、灌浆期光合生产力打好群体结构基础；④促进根系发育，为促进穗分化、提高结实率和粒重提供生理保证。此期茎蘖营养生长和生殖生长并旺，是全生育期中吸肥量最大（吸氮量占 50%左右）、生长量最大的时期。在前期“落黄”的基础上，通过及时施用穗肥，提高植株氮素代谢水平，达到碳氮代谢“两旺平衡”。反映在形态上：①倒 2 叶露尖后，群体叶色回升，显“二黑”，直到抽穗期倒 4 叶与倒 3 叶叶色相等；②抽穗期每个有效穗保持伸长节间相同的绿叶数（5 片）；③有效穗茎生 5 叶的叶长顺序为倒 2 叶>倒 3 叶>倒 1 叶>倒 4 叶>倒 5 叶；④抽穗期的 LAI 为 8 左右。

结实期（抽穗至成熟）。此期关键是养根保叶，延长叶片功能期，提高光合积累量。基部叶片的功能期应延长至出穗后 20 d 以上，成熟期上部尚有 1～2 片绿叶。每亩干物质积累量达 860 kg 左右的指标（根据理论分析，亩产要达到 1 100 kg，其稻谷干重要达到967 kg/亩，按灌浆结实期完成 90%计算，要达到 861.3 kg/亩）；高产田的实际积累量为齐穗期 1 150 kg/亩左右，成熟期为 2 000 kg/亩。

（5）最佳抽穗结实期和播种移栽期的安排。超优千号是穗粒数 300 粒以上的超级稻，在个旧的生育期长达 170～180 d，其中穗分化期长达 40～45 d，抽穗结实期长达 60 d 左右，是形成大穗和获得 1 000 kg/亩以上高产的重要生育基础。而将对产量起决定作用的抽穗结实期，安排在最佳气候条件时期，是夺取高产的关键所在。

个旧市 1 960—2007 年 4—10 月的逐日气温资料表明：从 7 月 15 日至 9 月 15 日，日平均气温在 22 ℃以上，日最高气温在 30 ℃以下，最低气温在 18 ℃以上，均为水稻适宜光合作用的温度，有利于结实灌浆，是当地最佳抽穗结实期。

为满足生育期 180 d 品种高产的要求，适宜播期应安排在 3 月 20 日（3 月 15—25 日）前后。此时日均气温在 18 ℃以上，满足露地育秧的要求。如播种后采用地膜覆盖，2 叶期揭膜，更利于育苗。4 月底移栽，日平均气温已稳定在 20 ℃以上，有利于活棵分蘖。

（6）培育壮秧。肥床旱育秧，有利于培育具有强发根力、返青活棵快的壮秧。

落谷稀，有利于培育秧田期普遍分蘖的壮秧。秧床播芽谷 50 g/m^2，播干谷 30 kg/亩。

适宜秧龄：5 叶 1 心移栽。

（7）精确定量基本苗。超优千号目标有效穗 16 万～17 万穗/亩，总叶龄数 16 叶，伸长节间数为 5 节。超高产群体的矫正系数（a 值）宜取 0.5；秧苗 5 叶期移栽，1 个分蘖缺位（bn），本田期有效分蘖叶龄数 E＝N－n－SN－bn－a＝16－5－5－1－0.5＝4.5。有效分蘖期内单株理论分蘖数 A＝E＋(E－2)(E－3)/2＝4.5＋1.8＝6.3 个，本田期秧苗活棵至等穗期，分蘖发生率（r）80%左右，实际发生数为 5.4 个，加主茎 1 个，单株成穗数 6.4 个。5 叶期移栽，秧苗带 2 个小分蘖，分蘖的成活率为 50%，在本田期单株可产生 2.8 个分蘖穗（5.6×0.5）。由此，单株的成穗数为 6.4＋2.8＝9.2 个。每亩合理基本苗数＝(16 万～17 万苗)/9.2≈1.8 万～1.9 万苗。

采用 30 cm×11.7 cm 宽行窄株距配置方式，1.9 万穴/亩，每穴 1 苗，既可提供 16 万～17 万穗/亩的基本苗保证，又可控制在孕穗期开始封行，改善群体通风透光条件。

（8）精确定量施肥。施氮量＝(目标产量需氮量－土壤供氮量）/氮肥当季利用率。①目标产量需氮总量，以 100 kg 籽粒吸氮量 1.8 kg 为参数，1 100 kg 群体吸氮总量为 19.8 kg。②土壤供氮

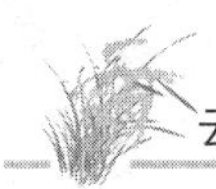

量，按基础产量500 kg/亩、每100 kg籽粒吸氮量1.7 kg计算，每亩供氮量为8.5 kg。③氮肥当季利用率按40％估算。高产田每亩施氮总量为：X＝（19.8－8.5）/0.4＝28.25 kg。

氮肥运筹基本原则。氮肥的施用，遵循高产水稻大田期“三黑三黄”原则，即基肥和分蘖肥的施用满足有效分蘖期的“黑”到无效分蘖期，基蘖肥基本消耗完，叶色转黄，无效分蘖发生减少。倒4叶抽出时，幼穗分化开始，施用促花肥，倒3叶期叶色由黑转黄，促进枝梗分化，倒2叶抽出时叶色落黄，施用保花肥，剑叶生长期叶色转黑，促进颖花分化，齐穗期叶色退淡转黄，形成“三黑三黄”的叶色变化。

氮肥前后比例及分次施用叶龄。①基蘖肥和穗肥比例4.5∶5.5，基蘖肥11 kg/亩、穗肥17 kg/亩。②基肥和分蘖肥分别为8.0 kg/亩和3.0 kg/亩，其中基肥中的氮有4 kg/亩来自复合肥或有机肥，4 kg/亩来自尿素。分蘖肥于移栽后一个叶龄内施用。③穗肥为纯氮17 kg/亩，但实际用量要根据倒5叶末期的叶色和群体状态进行诊断。

磷肥（P_2O_5）施用总量为11 kg，N∶P接近1∶0.4，过磷酸钙69 kg/亩全部作基肥施用。钾肥（K_2O）施用总量为22 kg/亩，折合KCl（60％K_2O）37 kg/亩，N∶K为1∶0.85，基肥和拔节肥（倒4叶露尖）各占一半，各11 kg/亩。硅肥施用30 kg/亩，倒4叶露尖施用。

（9）精确定量灌溉。前期湿润灌溉，11.0叶期烤田，倒4叶期后干湿交替为主。切忌前期长期淹水、后期断水过早。

移栽期：插秧时留薄水层，以保证浅插。

返青期：插后5～6 d内灌寸水以创造一个温、湿度比较稳定的环境条件，促进新根发生、迅速返青活棵。

有效分蘖期（11.0叶前）：干湿交替，以湿为主，结合人工中耕除草和追肥灌入薄水0.5～1 cm，让其自然落干后，露田湿润2～3 d，再灌薄水，如此反复进行。

无效分蘖期：11.0叶后，当总苗数达到14.0万苗/亩左右时

开始晒田。一般晒至田间开小裂，脚踏不下陷，泥面露白根、叶片直立叶色褪淡为止。

倒4叶至倒1叶抽出：干湿交替灌溉，采取浅水勤灌自然落干，露泥1～2 d后及时复灌。

抽穗扬花期：结合破口期的病虫防治，要保持寸水不断水创造田间相对湿度较高的环境，有利于正常抽穗和开花授粉。

结实期：干干湿湿，以提高根系活力延缓根系衰老，养根保叶增粒重。

成熟期：在收割前5～7 d群体进入完熟期排水晒田断水，切忌断水过早，影响籽粒充实和产量。

2. 栽培方案实施结果与分析

连续6年获得了1 000 kg/亩高产的结果，是中国水稻栽培历史上首创的连续高产最高纪录（表9-5）。

表9-5　连续6年百亩样板超1 000 kg/亩的产量及其构成因素

年份	有效穗数/（万穗/亩）	穗粒数/粒	结实率/%	千粒重/g	理论产量/（kg/亩）	实际产量/（kg/亩）
2015	16.0	303.0	86.0	26.5	1 104.9	1 067.5
2016	15.6	305.0	90.0	26.2	1 121.9	1 088.0
2017	16.2	291.0	87.0	26.3	1 078.7	1 073.0
2018	17.0	288.0	90.0	26.2	1 154.5	1 152.3
2019	17.2	284.0	89.0	26.3	1 143.4	1 138.4
2020	15.5	295.0	91.0	26.2	1 090.2	1 085.4
平均	16.3	294.3	88.8	26.3	1 115.6	1 100.8

第二节　湿热生态亚区水稻精确定量栽培高产典型

在湿热生态亚区水稻精确定量栽培技术连续2年创造了百亩平均产量超800 kg/亩。

该试验于2011—2012年在临沧市双江县沙河乡允俸村进行。

该村海拔 1 209 m，位于 E 99°55′25″，N 23°32′41″，年均温 19.8 ℃，年降水量 1 150.0 mm。前作种植马铃薯，土质为沙壤土，土壤理化特性：pH=6.2，有机质 29.1 g/kg，碱解氮 92.0 mg/kg，有效磷 29.9 mg/kg，速效钾 201.0 mg/kg。

1. 目标产量及品种特性

宜优 673，目标产量 850 kg/亩，有效穗 21 万穗/亩，穗粒数 160 粒，千粒重 30 g，结实率 85%以上，理论产量 860 kg/亩。总叶片数 18 叶，伸长节间数 6 节，全生育期 165 d 左右，株型适中，长势繁茂，熟期转色好，米质优。

2. 旱育稀播、培育壮秧

2 月 1 日播种，6 叶（5 叶 1 心）期移栽，采用旱育秧。用腐熟农家肥和少量复合肥培肥秧床，播种前喷洒杀菌剂和壮秧剂，每平方米苗床播撒 60 g 芽谷。移栽前 5 d 施送嫁肥，尿素 10 kg/亩。

3. 精确定量基本苗

根据目标产量所需穗数、秧苗素质和移栽后有效分蘖叶龄数计算，基本苗为 1.67 万苗/亩，栽插规格为 13.3 cm×30 cm，壮苗单苗移栽，弱苗 2 苗移栽。

4. 精确定量施肥

因田块前作为马铃薯，土壤肥力较高，不施基肥和分蘖肥，穗肥根据叶色和苗情施纯氮 4～8 kg/亩。有效分蘖临界叶龄期茎蘖数达到预计穗数，倒 4 叶抽出时，顶 4 叶叶色淡于顶 3 叶的田块，每亩施 8 kg 纯氮作穗肥，按照 1∶1 比例施用促花肥和保花肥；有效分蘖临界叶龄期茎蘖过多、高峰苗较多、倒 4 叶抽出时，顶 4 叶叶色浓于顶 3 叶的田块，减少促花肥的用量或者不施促花肥，倒 2 叶抽出时，顶 4 叶仍淡于顶 3 叶的田块，亩施 4～5 kg 纯氮作保花肥，顶 4 叶叶色仍浓于顶 3 叶的田块，不施保花肥。有效分蘖临界叶龄期茎蘖数较少、高峰苗不足的田块，促花肥时增施 2 kg 纯氮，并提前到倒 5 叶后半叶施用。

5. 精确定量灌溉模式

前期湿润灌溉，12.0 叶期烤田，倒 4 叶期后干湿交替为主。

切忌前期长期淹水，后期断水过早。当茎蘖数达预期有效穗数80%左右，开始撤水晒田，使群体高峰苗控制在穗数的1.3倍左右。拔节期至成熟期，实行湿润灌溉，干干湿湿。灌浆至成熟期，干湿交替，养根保叶至完全成熟。

6. 实施效果

采用同一实施方案连续在临沧市双江县沙河乡进行高产攻关，年度间进行了氮肥用量的微调，百亩示范片长势均衡，穗大粒多，结实率高，无主要病害，获得了超800 kg/亩高产的结果，是湿热籼稻亚区连续两年的最高产纪录（表9-6）。

表9-6 湿热生态亚区连续2年百亩样板产量及其构成因素

年份	有效穗数/（万穗/亩）	穗粒数/粒	结实率/%	千粒重/g	理论产量/（kg/亩）	实际产量/（kg/亩）
2011	20.42	162.10	85.04	30.08	846.72	803.90
2012	21.03	158.90	88.19	30.16	888.82	875.80

第三节 籼粳稻交错亚区高产典型

在籼粳稻交错亚区的保山市隆阳区、丽江市永胜县三川镇，水稻精确定量栽培技术连续创造了百亩产量超900 kg/亩。

一、籼粳稻交错亚区（粳稻）900 kg/亩精确定量栽培高产典型创建

保山市隆阳区地处云南西部，气候属西南季风亚热带高原气候类型，常年种植水稻24万亩左右。隆阳区属于典型的立体农业气候，适合种植多种水稻品种，全年无霜期290 d以上，冬春两季雨量较少，夏秋两季雨量较多，年平均降水量966.5 mm。

（1）品种特性及目标产量设计。试验品种为滇杂32，系云南农业大学选育的高产优质杂交粳稻品种，主茎总叶片数14.5片，伸长节间4个，百亩目标产量900 kg/亩，有效穗26万穗/亩，穗

粒数 185 粒，结实率 80%，千粒重 24 g，理论产量 923 kg/亩。

（2）育秧方式和秧龄。4 月上旬播种，5 月下旬移栽，秧龄 45～50 d，秧苗叶龄 6～7 叶。采用旱育秧方式育秧，秧田播种量为 30 kg/亩。

（3）移栽基本苗与规格。据目标产量所需穗数、秧苗素质和移栽后有效分蘖叶龄数计算，每亩栽插基本苗 4 万苗，每穴栽插 2 苗，栽插密度 2 万穴/亩，株行距为 30 cm×11 cm。

（4）精确定量施肥。根据斯坦福方程，目标产量 900 kg/亩需氮总量为 18.0 kg，土壤供氮量为 9 kg/亩，氮肥当季利用率按 45%估算，施氮总量为 20 kg/亩。

氮肥运筹比例和施用时期。基蘖肥和穗肥比例 5∶5，各 10 kg，基肥和分蘖肥分别占 60%和 40%，氮素穗肥分促花肥和保花肥 2 次施用，分别占穗肥总量的 70%、30%。

磷钾肥的施用。磷、钾肥施用总量按 P_2O_5∶K_2O＝1∶0.9 的比例确定，P_2O_5 总量 10 kg/亩，K_2O 总量 9 kg/亩。

（5）精确定量灌溉模式。移栽后活棵期间，保持 2～3 cm 水层。移栽后 7 d 至 9 叶期浅水灌溉，水层 2～3 cm，并视苗情露田 1～2 次。

从 9 叶期群体茎蘖数达到预定穗数的 80%（约 21 万穗/亩）时开始，直到幼穗分化开始（10.5 叶期）为止，进行搁田，先轻后重。

从幼穗开始分化到抽穗后 25 d，浅水勤灌，以浅水层和湿润为主，尽量减少保持水层时间，以避免土壤再次恢复到陷脚状态。抽穗后 25 d 到成熟，以湿润为主，养根保叶。

（6）实施效果。百亩示范方通过扩行减苗、湿润灌溉、控制氮肥和前肥后移等有效措施，构建合理群体结构，改善群体通风透光条件，降低田间大气湿度，田间病虫害的发生程度明显减轻，田间长势良好。样板平均有效穗数 26.6 万穗/亩，每穗总粒数 182.4 粒，结实率 80.3%，千粒重 24.1 g，理论产量 938.9 kg/亩，经测产验收实际产量为 904.8 kg/亩。

二、籼粳稻交错亚区（籼稻）950 kg/亩精确定量栽培高产典型创建

永胜县三川镇位于永胜县北部，属金沙梯级断陷盆地，地势呈南北走向，向西倾斜，最高处芮官山海拔 2 437 m，最低处总管田水文站海拔 1 545 m。属亚热带气候，年降水量 921 mm，年内无霜期在 269 d 以上。

试验地点为云南省丽江市永胜县三川镇中州村，海拔 1 554 m。前作为蚕豆。土壤理化特性：pH＝6.2，有机质 30.2 g/kg，碱解氮 143.5 mg/kg，有效磷 24.9 mg/kg，速效钾 220.8 mg/kg。

（1）品种特性及目标产量设计。试验品种为中浙优 10 号，系中国水稻研究所等选育的高产优质杂交籼稻品种，主茎总叶片数 17.5 片，伸长节间 6 个，该组合植株较高，株型较紧凑，剑叶挺直内卷，叶色深绿，茎秆粗壮；分蘖力较强，穗形较大；谷色黄亮，谷粒长粒型，稃尖无色。目标产量 950 kg/亩，有效穗数 21.5 万穗/亩，穗粒数 190 粒，结实率 85%，千粒重 27.4 g，理论产量 951 kg/亩。

（2）育秧方式和秧龄。3 月 30 日播种，采用旱育秧方式育秧，秧田播种量为 35 kg/亩。移栽期定在 5 月 9—11 日栽秧，秧龄 40 d 左右，秧苗叶龄 5～6 叶。

（3）精确定量基本苗。据目标产量所需穗数、秧苗素质和移栽后有效分蘖叶龄数计算，株行距为 13.2 cm×30 cm，移栽基本苗 1.67 万苗/亩，单苗移栽，弱苗栽 2 苗，采用手工拉线条栽。

（4）精确定量施肥。产量 950 kg/亩需氮总量为 16.0 kg，土壤供氮量为 9.7 kg/亩，氮肥当季利用率按 45%估算，施氮总量为 14 kg/亩。

氮肥运筹比例和施用时期。基蘖肥和穗肥比例 5∶5，基肥和分蘖肥分别占 60%和 40%，穗肥分促花肥和保花肥 2 次施用，分别占穗肥总量的 50%和 50%。

过磷酸钙 50 kg/亩，作为底肥施用；硫酸钾 10 kg/亩，作为底肥和促花肥平均施用。

（5）精确定量灌溉。坚持浅水浅插、干湿交替，12.0～13.5叶期撤水晒田的原则。

（6）实施效果。2017年9月25日，由永胜县农业局组织省、市、县相关专家对三川镇水稻精确定量栽培技术百亩样板进行测产验收。专家组随机抽取3块田进行实产验收，3块田均按13.5%标准含水率实收产量分别为986.2千克/亩、1 044.2千克/亩、932.1千克/亩。专家组认定：2017年永胜县三川镇水稻百亩高产样板平均产量为987.5千克/亩。

2018年10月9日，由永胜县农业局组织相关专家对三川镇水稻精定量栽培技术百亩高产攻关示范进行测产验收。专家组随机抽取3块田块进行实产验收，3块田均按13.5%标准含水率实收产量为1 001.8千克/亩、924.3千克/亩、935.6千克/亩。专家组认定：2018年永胜县三川镇水稻百亩高产示范样板平均产量为953.9千克/亩。

第四节　温暖粳稻亚区高产典型

在温暖粳稻亚区水稻精确定量栽培技术连续2年创造了百亩平均产量超800 kg/亩，其中2018、2019年产量分别为849.9 kg/亩、829.5 kg/亩。

曲靖市麒麟区越州镇位于南盘江中游，距曲靖城南30 km，海拔在1 845～2 247 m。气候属亚热带高原季风气候，四季分明，年平均气温15 ℃，年无霜期265 d，年降水量980～1 100 mm，年日照时数1 967.4 h。水田面积1 636 hm^2，主要种植水稻、烟叶、大蒜、玉米等作物。

土壤理化特性：pH＝6.5，有机质含量42.4 g/kg，全氮含量2.495 g/kg，全磷含量1.4 g/kg，全钾含量12.3 g/kg，有效磷含量37.0 mg/kg，速效钾含量402 mg/kg。

（1）品种特性及目标产量设计。品种：靖粳1号，目标产量

850 kg/亩，有效穗数 26 万穗/亩，穗粒数 170 粒，结实率 85%，千粒重 22.6 g，理论产量 849 kg/亩。

（2）育秧方式和秧龄。百亩示范区采用硬盘播种、无纺布覆盖湿润育秧，3 月 10—15 日播种，播种量为 110 g/盘，秧龄 45 d 左右，4 月 25—30 日机械化插秧。

（3）精确定量基本苗。据目标产量所需穗数、秧苗素质和移栽后有效分蘖叶龄数计算，插秧密度 1.8 万穴/亩，每穴栽 3～4 苗，基本苗 5.4 万～7.2 万苗/亩。

（4）精确定量施肥。因以前作为蔬菜田块，土壤肥力较高，不施基肥和分蘖肥，穗肥根据叶色和苗情施纯氮 10.8 kg/亩，比当地大面积水稻平均纯氮使用量（18 kg/亩）减少氮肥用量 40%。施肥方式：不施基肥和分蘖肥，氮肥全部作穗肥后移至促花肥和保花肥施用，比例为 5∶5 或 6∶4。磷肥 50 kg/亩，作为底肥施用；硫酸钾 10 kg/亩，作为底肥和促花肥平均施用。

（5）精确定量灌溉。坚持浅水浅插、干湿交替，10.0～11.5 叶期撤水晒田的原则。

（6）实施效果。2018 年 9 月 25 日，云南省农科院科研管理处邀请省内外有关专家进行现场测产验收。专家组在考察了百亩示范样板现场的基础上，随机抽取了 3 块氮肥减量后移示范田（施氮 10.8 kg/亩）和 2 块常规施肥田（施氮 18.0 kg/亩），进行现场机械收割测产验收，百亩样板平均产量 849.9 kg/亩，比对照田块（平均产量 657.8 kg/亩）增产 192.1 kg/亩，增幅 29.2%。

2019 年 9 月 17 日，云南省农科院科研管理处邀请省内外有关专家进行现场测产验收。专家组随机抽取了核心示范田 2 块和常规对照田 2 块，进行现场机械收割测产验收。示范区第一块田实收产量为 781.5 kg/亩，第二块田实收产量为 877.6 kg/亩，平均产量为 829.5 kg/亩。对照区第一块田实收产量为 661.4 kg/亩，第二块田实收产量为 730.8 kg/亩，平均产量为 696.1 kg/亩。与农户常规栽培相比，示范样板区减少氮肥用量 40%，增产 133.4 kg/亩，增长 19.2%。

第五节　冷凉粳稻亚区高产典型

在冷凉粳稻亚区水稻精确定量栽培技术连续 2 年创造了百亩平均产量超 500 kg/亩，其中 2018、2019 年产量分别为 536.5 kg/亩、513.7 kg/亩。

丽江市宁蒗县永宁镇位于泸沽湖西北 20 km，北连四川木里藏族自治县，东临四川盐源县泸沽湖镇，是“女儿国”摩梭人政治经济文化中心，是滇、川、藏三省（自治区）茶马古道的重要驿站。全镇面积 642 km^2，平均海拔 2 664 m，年平均气温 9 ℃，平均降水量 960 mm，无霜期 240 d。

试验地点为宁蒗县永宁镇黑瓦落村，海拔 2 670 m，是世界水稻种植的最高海拔极限，被称为“世界水稻屋脊”。土壤理化特性：pH 6.72，有机质含量 45.7 g/kg，全氮含量 2.2 g/kg，全磷含量 0.66 g/kg，全钾含量 7.9 g/kg，有效磷含量 4.2 mg/kg，速效钾含量 132.0 mg/kg。

（1）品种特性及目标产量设计。试验品种为丽粳 9 号，是丽江市农业科学研究所选育审定的常规粳稻品种，生育期 220 d 以上，株型紧凑、偏中矮秆型、根系发达、抗倒伏。倒 1、2、3 叶较一般粳稻长而直，剑叶直立，叶片功能期较长，分蘖中上等，耐肥性较强，整齐度好，叶姿挺直，株高 95 cm，穗长 21 cm，穗粒数 155 粒，千粒重 23.5 g，一般结实率在 84.5%，着粒中等，籽粒椭圆形，壳色褐色、颖和颖尖带紫色，不落粒。目标产量 550 kg/亩，有效穗 24 万穗/亩，穗粒数 140 粒，结实率 70%，千粒重 23.5 g，理论产量 553 kg/亩。

（2）培育带蘖壮秧。百亩示范区采用湿润育秧，3 月 19—20 日播种，播种量为 40 kg/亩，秧龄 60 d 左右，5 月 18—19 日栽秧。

（3）精确定量基本苗。据目标产量所需穗数、秧苗素质和移栽后有效分蘖叶龄数计算，插秧基本苗 10 万苗/亩，移栽密度 3.34 万苗/亩，每穴 3 苗，株行距 10 cm×20 cm。

（4）精确定量施肥。根据目标产量 600 kg，移栽前施有机肥（含氮量 3 g/kg 左右）500 kg/亩，施用 13∶5∶7 的复合肥 20 kg/亩作为底肥，分蘖肥在移栽后 10 d 施尿素 2.5 kg/亩，穗肥施尿素 5 kg/亩和硫酸钾 5 kg/亩。

（5）精确定量灌溉。坚持浅水浅插、干湿交替。返青期保持 2～3 cm 浅水层。分蘖期浅水湿润灌溉。当茎蘖数达预期有效穗数 80%左右时，开始撤水晒田，使群体高峰苗控制在穗数的 1.1 倍左右。拔节期至成熟期，实行湿润灌溉，干干湿湿。灌浆至成熟期，干湿交替，养根保叶至完全成熟。

（6）实施效果。2018 年 10 月 22 日，由云南省农业农村厅主持，邀请省内外有关专家，对在丽江市宁蒗县永宁镇实施的“丽粳 9 号百千亩极量创新示范样板”项目进行测产验收。专家现场随机抽取百亩示范样板高、中、低产田各一块进行全田机械化收获测产，产量分别为 621.2 kg/亩、535.3 kg/亩、452.9 kg/亩。百亩样板平均产量为 536.5 kg/亩。

2019 年 10 月 25 日，由丽江市农业农村局主持，邀请省内相关专家，对在丽江市宁蒗县永宁镇实施的“丽粳 9 号百千亩极量创新核心样板”项目进行测产验收。专家现场随机抽取百亩样板高、中、低产田各一块进行全田机械化实收测产，产量分别为 551.9 kg/亩、514.1 kg/亩、475.3 kg/亩。百亩样板平均产量为 513.7 kg/亩。

参 考 文 献

曹显祖，朱庆森，杨建昌，等，1991. 江苏中籼品种产量源库关系与株型演变特征的研究［M］//凌启鸿. 稻麦研究新进展. 南京：东南大学出版社.
陈祥，同延安，亢欢虎，等，2008. 氮肥后移对冬小麦产量、氮肥利用率及氮素吸收的影响［J］. 植物营养与肥料学报，14（3）：450-455.
陈晓阳，胡谷琅，钱秋平，等，2010. 施氮水平和栽插密度对天优华占生长和产量及产量构成因子影响［J］. 中国农学通报，26（17）：160-163.
戴其根，张洪程，张祖建，等，2017. 水稻精确定量栽培实用技术［M］. 南京：江苏凤凰科学技术出版社.
丁艳锋，刘胜环，王绍华，等，2004. 氮素基、蘖肥用量对水稻氮素吸收与利用的影响［J］. 作物学报，30（8）：762-767.
范立春，彭显龙，刘元英，等，2005. 寒地水稻实地氮肥管理的研究与应用［J］. 中国农业科学，38（9）：1761-1766.
冯录匀，1980. 我国各地区太阳辐射的统计、计算及其分布［J］. 农业气象（2）：7-12.
冯阳春，魏广彬，李刚华，等，2009. 水稻主茎出叶动态模拟研究［J］. 中国农业科学，42（4）：1172-1180.
韩宝吉，曾祥明，卓光毅，等，2011. 氮肥施用措施对湖北中稻产量、品质和氮肥利用率的影响［J］. 中国农业科学，44（4）：842-850.
黄秉维，1978. 自然条件与作物生产［J］. 农业现代化概念（3）：5-7.
黄礼庆，宋光锋，杨松，等，2008. 偏早熟水稻品种进行直播种植适应性及播期的研究［J］. 大麦与谷类科学（2）：12-14.
黄兴奇，2005. 云南作物种质资源［M］. 昆明：云南科技出版社.
蒋彭炎，洪晓富，冯来定，等，1994. 水稻中期群体成穗率与后期群体光合效率的关系［J］，中国农业科学，27（6）：8-14.
蒋彭炎，姚长溪，1989. 水稻高产新技术：稀少平栽培法的原理与应用［M］. 杭州：浙江科学技术出版社.

蒋志农，1995. 云南稻作 [M]. 昆明：云南科技出版社.
李刚华，王绍华，杨从党，等，2008. 超高产水稻适宜单株成穗数的定量计算 [J]，中国农业科学（41）：3556 - 3562.
李刚华，杨从党，2019. 水稻超高产精确定量栽培技术设计与实践 [M]. 北京：中国农业出版社.
林山，1986. 中国稻作学 [M]. 北京：农业出版社.
凌启鸿，苏祖芳，张海泉，1995. 水稻成穗率与群体质量的关系及其影响因素的研究 [J]. 作物学报，21（4）：463 - 469.
凌启鸿，张洪成，蔡建中，等，1993. 水稻高产群体质量及其优化控制探讨 [J]. 中国农业科学，26（6）：1 - 11.
凌启鸿，张洪程，戴其根，等，2005. 水稻精确定量施氮研究 [J]. 中国农业科学，38（12）：2457 - 2467.
凌启鸿，张洪程，丁艳锋，等，2007. 水稻精确定量栽培理论与技术 [M]. 北京：中国农业出版社.
凌启鸿，张洪程，苏祖芳，等，1994. 稻作新理论：水稻叶龄模式 [M]. 北京：科学出版社.
凌启鸿，2000. 作物群体质量 [M]. 上海：上海科学技术出版社.
刘立军，桑大志，刘翠莲，等，2003. 实时实地氮肥管理对水稻产量和氮素利用率的影响 [J]. 中国农业科学，36（12）：1456 - 1461.
卢其尧，1980. 我国水稻生产光温潜力的探讨 [J]. 农业气象，1（1）：1 - 12.
邱新法，曾燕，杜海东，1999. 水稻总叶龄模拟研究 [J]. 南京气象学院学报，22（4）：658 - 662.
石丽红，纪雄辉，朱校奇，等，2010. 提高超级杂交稻库容量的施氮数量和时期运筹 [J]. 中国农业科学，43（6）：1274 - 1281.
苏祖芳，周兴安，张亚洁，等，1996. 搁田始期对水稻成穗率、产量形成和群体质量的影响 [J]. 中国水稻科学，10（2）：95 - 102.
王纯枝，李良涛，陈健，等，2009. 作物产量差研究与展望 [J]. 中国生态农业学报，17（6）：1283 - 1287.
吴昊，李刚华，王强盛，等，2007. 单季晚稻武运粳 7 号超高产的群体结构 [J]. 南京农业大学学报，30（4）：6 - 10.
吴文革，张洪程，吴桂成，等，2007. 超级稻群体籽粒库容特征的初步研究 [J]. 中国农业科学，40（2）：250 - 257.
夏琼梅，黄庆宇，白秀兰，等，2017. 云南干热籼稻区水稻高产形成规律及群体质量指标研究［J］. 中国稻米，23（4）：115－118.
夏琼梅，李贵勇，邓安凤，等，2016. 云南特殊生态区水稻高产机理研究［J］. 西南农业学报，29（1）：6－10.
谢华安，王乌齐，杨惠杰，等，2003. 杂交水稻超高产特性研究［J］. 福建农业学报，18（4）：201－204.
徐福荣，戴陆园，张红生，等，2004. “Ⅱ优 084”在永胜涛源创世界水稻单产新高的栽培模式探讨［J］. 西南农业学报，17（S1）：44－48.
徐正进，陈温福，张龙步，等，1990. 水稻不同穗型群体冠层光分布的比较研究［J］. 中国农业科学，23（4）：10－16.
杨从党，贺庆瑞，郑学玉，等，2003. “汕优 63”不同产量水平下增产因素分析［J］. 中国农业生态学报，11（1）：33－35.
杨从党，李刚华，李贵勇，等，2012. 立体生态区水稻定量促控栽培技术的增产机理［J］. 中国农业科学，45（10）：1904－1913.
杨从党，2014. 云南立体生态稻作亚区水稻高产机理及定量栽培技术研究［D］. 南京：南京农业大学.
杨东，黄庭旭，游晴如，等，2012. 不同播期对杂交稻宜优 673 株叶形态及产量性状的影响［J］. 福建农业学报，27（3）：241－244.
杨惠杰，杨仁崔，李义珍，等，2002. 水稻超高产的决定因素［J］. 福建农业学报，17（4）：199－203.
杨惠杰，杨仁崔，李义珍，等，2000. 水稻超高产品种的产量潜力及产量构成因素分析［J］. 福建农业学报，15（3）：1－8.
杨立炯，汤玉庚，王嘉训，等，1964. 陈永康晚粳稻“三黑三黄”高产栽培经验的初步分析［J］. 作物学报，3（2）：113－136.
袁平荣，孙传清，杨从党，等，2000. 云南籼稻每公顷 15 吨高产的产量及其结构分析［J］. 作物学报，26（6）：756－762.
曾希柏，李菊梅，2004. 中国不同地区化肥施用及其对粮食生产的影响［J］. 中国农业科学，37（3）：387－392，469－470.
张洪程，吴桂成，吴文革，等，2010. 水稻“精确稳前、控蘖优中、大穗强后”超高产定量栽培模式［J］. 中国农业科学，43（13）：2645－2660.
中国农业科学院，1959. 稻作科学论文集［C］. 北京：农业出版社.
朱德峰，章秀福，许立，等，1998. 水稻主茎叶片出生与温度关系［J］. 生态学杂志，17（5）：71－73.
Jin J，1998. Strengthening research and technology transfer to improve fertilizer

use in China [C]//Proceeding of the IFA Regional Conference for Asia and the Pacific. Hong Kong：21 - 22.

Peng S，Tang Q，Zou Y，2009. Current status and challenges of rice production in China [J]. Plant Production Science，12 (1)：3 - 8.

Ramasamy S，Ten Berge H F M，Purushothaman S，1997. Yield formation in rice in response to drainage and nitrogen application [J]. Field Crops Research (51)：65 - 82.

Xie J C，Xing W Y，Zhou J M，1998. Current use of nutrients for sustainable food production in China [M]//Johnson A E，Syers J K，Eds. Nutrient Management for Sustainable Crop Production in Asia. Wallingford：CAB International.

Ying J，Peng S，He Q，et al，1998. Comparison of high - yield rice in tropical and subtropical environments：I. Determinants of grain and dry matter yields [J]. Field Crops Research，57 (1)：71 - 84.